工业和信息化普通高等教育"十二五"规划教材立项项目

21世纪高等教育计算机规划教材

# GNU/Linux 编程

## GNU/Linux Programming

郑谦益 编著

U0300311

人民邮电出版社

北　京

**图书在版编目（ＣＩＰ）数据**

GNU/Linux编程 / 郑谦益编著. -- 北京 ：人民邮电
出版社，2012.8（2022.6重印）
21世纪高等教育计算机规划教材
ISBN 978-7-115-28260-6

Ⅰ. ①G… Ⅱ. ①郑… Ⅲ. ①
Linux操作系统－程序设计－高等学校－教材 Ⅳ.
①TP316.89

中国版本图书馆CIP数据核字(2012)第123473号

## 内 容 提 要

Linux 作为一种自由和源码开放的类 UNIX 操作系统，虽然诞生至今只有 20 年的时间，但已经在各个领域中得到了广泛的应用，对软件行业产生了深远的影响。本书通过大量实例讲述 Linux 环境下进行软件开发所必须掌握的基础知识。全书内容由四个部分组成，第一部分介绍 Linux 相关背景知识和 GNU 命令工具的使用方法；第二部分为 Shell 程序设计，讲述 Shell 脚本语言的语法结构；第三部分介绍 Linux 开发环境，讲述基于 C 语言开发的 GNU 工具的使用方法；第四部分为 Linux 环境下的 C 语言编程，系统讲述与 Linux 内核有关的应用编程接口函数的使用方法。

本书可以作为高校计算机相关专业的高年级学生、研究生学习 Linux 编程的教材或教学参考书。

◆ 编　　著　郑谦益
　　责任编辑　董　楠

◆ 人民邮电出版社出版发行　　北京市丰台区成寿寺路 11 号
　　邮编　100164　电子邮件　315@ptpress.com.cn
　　网址　http://www.ptpress.com.cn
　　固安县铭成印刷有限公司印刷

◆ 开本：787×1092　1/16
　　印张：15.5　　　　　　　　　2012 年 8 月第 1 版
　　字数：407 千字　　　　　　　2022 年 6 月河北第 13 次印刷

ISBN 978-7-115-28260-6
定价：32.00 元

读者服务热线：(010)81055256　印装质量热线：(010)81055316
反盗版热线：(010)81055315

# 前　言

Linux 作为开源操作系统，有众多的发行版本，例如 Red Hat、Debian、Ubuntu 和 Mandrake 等。GNU 工具和 Linux 内核构成了 Linux 系统的基础，GNU 项目开发了大量的自由软件，其中包括 vi 编辑器、bash 命令解释器、函数库 glic、编译器 gcc 和其他各种命令工具等，这些工具也为 Linux 内核的产生与发展提供了良好的环境支持。Linux 内核是操作系统的核心，负责管理系统的软硬件资源，对处理器、内存、部设备、文件和网络等进行统一管理。Linux 内核采用了基于模块可配置的大内核结构，可移植到多种处理器，提供了大量的设备驱动程序，实现了对多种义件系统和网络协议的义持。经函数库 glibc 的封装，Linux 系统还为上层应用开发提供标准的应用编程接口服务。

目前，Linux 系统已在各领域得到了广泛应用，从高端服务器，到各种嵌入式系统。Linux 已成功安装到多种计算机硬件设备，从 PC、手机、路由器到大型计算机系统。因此，学习和掌握 Linux 操作系统有着十分重要的现实意义。

本书通过大量实例演示 Linux 系统的命令、语句和函数的使用方法，对较难理解的部分，借助软件模型从软件体系结构和行为模式的角度，对实现技术进行了描述，便于读者将理论和技术实现有机结合起来，使读者从系统框架的角度，深入理解 Linux 编程。为了适应不同层次读者的需要，本书由四部分内容构成。

第一部分，Linux 基础，包括第 1～3 章，介绍 Linux 相关概念，通过实例讲述常用命令的使用方法。

第 1 章介绍与 Linux 相关的背景知识，内容包括 UNIX 的起源和衍生版本、GNU 项目、Linux 内核的产生与发展和 Linux 商业运营模式等。

第 2 章对 Linux 的基本命令进行了分类，以实例的方式讲述常用命令的使用方法。其中对文件权限管理进行了较为详细的介绍，对进程、进程组、会话和控制终端的概念及相互关系进行了阐述。

第 3 章通过实例讲述磁盘的结构、分区以及文件系统的构建和使用方法，对 Linux 环境下的引导加载程序 grub 的概念、原理和使用方法作了介绍，对 Linux 系统初始化过程进行了较为详细的阐述。

第二部分，Shell 程序设计，包括第 4 章，讲述 Shell 脚本的语法结构，通过实例介绍如何使用 Shell 命令进行流程控制。

第 4 章通过实例讲述 Shell 程序设计，内容包括变量的分类与使用、条件表达式、控制语句和函数。

第三部分，GNU C 语言开发环境，包括第 5 章，讲述 Linux 环境下与 C 语言开发相关的 GNU 工具的概念和使用方法。

第 5 章通过实例介绍 Linux 环境下的 C 语言开发工具，内容包括编译器 gcc、链接器 ld、项目管理工具 make，以及函数库的概念和归档工具 ar 的使用方法。

第四部分，Linux 环境下的 C 语言编程，包括第 6～10 章，通过实例讲述与 Linux 内核相关的应用编程接口函数的使用方法。

第 6 章介绍了 Linux 文件系统的应用编程接口，内容包括文件与目录的操作、标准 I/O 输入与输出和 I/O 重定向。

第 7 章介绍信号的概念，对 Linux 系统中信号的定义和相关的应用编程接口函数的使用方法进行了阐述。

第 8 章讲述 Linux 进程的相关概念，通过实例对进程的用户虚拟地址空间的结构、进程的创建与终止、可执行映像文件的加载、进程的同步控制和进程的运行环境进行了阐述。

第 9 章通过实例介绍 Linux 进程间通信的概念和方法，内容包括管道、信号量、消息队列和共享内存。

第 10 章通过实例介绍五种文件 I/O 操作模式的编程方法，对终端 I/O 行为方式的概念和编程方法进行了阐述。

本书适用对象为具有初步 C 语言程序设计经验和一定操作系统基础知识的广大读者。本书可作为高校计算机相关专业本科生、研究生学习 Linux 编程的教材或教学参考书，也可作为广大 Linux 爱好者的参考资料和培训教材。读者可根据实际情况，选读其中部分章节。

在本书编写过程中，李养群、鲁蔚锋和肖学中老师对书稿做了大量校对工作并提出了许多宝贵意见。在此，对他们表示衷心的感谢。

由于时间和水平有限，书中　定存在许多不足之处，希望广大读者不吝赐教。

郑谦益

zhengqy@njupt.edu.cn

2012 年 3 月

# 目　录

## 第一部分　Linux 基础

## 第二部分 Shell 程序设计

## 第三部分 CNU C 语言开发环境

## 第四部分 Linux 环境下的 C 语言编程

# 第一部分
# Linux 基础

# 第1章
# UNIX 系统概述

## 1.1　UNIX 的发展历史

### 1.1.1　UNIX 的产生与发展

1968 年，由通用电器公司、贝尔实验室和美国麻省理工学院的研究人员共同开发了一个名为 Multics 的操作系统，该操作系统使用户可以通过电话线接入远程终端，实现多用户访问大容量文件系统资源。Multics 引入了许多现代操作系统的概念雏形，对随后的操作系统，特别是 UNIX 的成功有着巨大的影响。

1969～1970 年，AT&T 公司的贝尔实验室研究人员 Ken Tompson 和 Dennis Ritchie 在 Multics 操作系统的基础上用 C 语言开发出 UNIX 系统。当时，AT&T 公司以低廉甚至免费的价格将 UNIX 源代码授权给学术机构用于研究和教学。1979 年，从 UNIX 的 V7 版本开始，AT&T 公司意识到 UNIX 的商业价值，不再将 UNIX 源码授权给学术机构，并对之前的 UNIX 及其变种声明了版权。贝尔实验室 1983 年发行了第一个商业版本，名为 System Ⅲ，后来被拥有良好商用软件支持的 System V 所替代。UNIX 的这一分支不断发展，直到 System V 第 4 版开始分裂，形成了 System V 系列。另一方面，1978 年美国伯克利大学在 UNIX 第六版本的基础上进行了修改，增加了新的功能，发布了 BSD，开创了 UNIX 的另一个 BSD 系列分支。1980 年微软公司开发了名为 XENIX 的 UNIX PC 版本。各种 UNIX 版本的一系列变化与发展的脉络如图 1-1 所示，UNIX 的发展主要演化为两大分支，它们分别是 System V 系列和 BSD 系列。

**1. System V 系列**

有很多大公司在取得了 UNIX 的授权之后，在 System V 的基础上，开发出自己的 UNIX 产品，如表 1-1 所示.。

表 1-1　　　　　　　　　　　　　System V 系列的衍生版本

| 名　　称 | 厂　　家 | 基于的版本 |
|---|---|---|
| AIX | International Bussiness Machines | AT&T System V |
| Irix | Silicon Graphics | AT&T System V |
| Solaris | Sun Microsystems | AT&T System V |
| Unicos | Cray | AT&T System V |
| UNIXWare | Novell | AT&T System V |
| XENIX | Microsoft | AT&T System III |

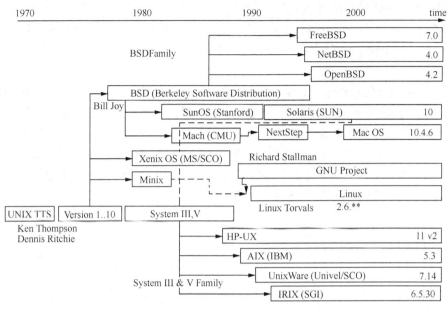

图 1-1　Unix 的发展历史

### 2. BSD 系列

为了不和 AT&T 公司的版权冲突，BSD 版本在版本 3 之后将代码进行了重写，BSD 版本此后不再包括有版权的 UNIX 代码。UNIX 的 BSD 版本不断发展，在 20 世纪 70 年代末期，BSD UNIX 成为美国国防部高科技研究机构科研项目的基础。为此，美国伯克利大学发行了名为 BSD Release 4.2 的有效版本。该版本结合 SVR3、BSD4.3、SunOS 和 Microsoft XENIX 的特点，包括了高级的文件管理，实现了对 TCP/IP 网络协议的支持。目前，TCP/IP 被 Internet 所使用，BSD Release 4.2 被许多厂商所采用，例如 SUN Microsystem 等。BSD 在发展过程中，衍生出不同的分支，表 1-2 列出了主要的 BSD 分支。

表 1-2　　　　　　　　　　　　　　　　BSD 的衍生版本

| 名　　称 | 提　供　者 |
|---|---|
| Dynix | Sequent |
| SunOS | Sun Microsystems |
| Ultrix | Digital Equipment Corporation |
| FreeBSD | 支持 Intel、AMD 和 Sun UltraSPARC，基于 4.4BSD-Lite 架构 |
| NetBSD | 支持 Alpha，DraCo 和 Shark 等多种硬件，基于 4.3BSD Lite 架构 |
| OpenBSD | 衍生自 NetBSD，支持 DEC Alpha 和 Intel 等多种硬件 |

## 1.1.2　UNIX 的相关标准

UNIX 在发展过程中形成了多个分支和版本，为了使开发出来的应用程序在不加修改的情况下，能从一个系统移植到另一个系统，实现不同 UNIX 版本的相互兼容，必须制订必要的协议标准。下面给出与 UNIX 相关的几个标准。

### 1. ANSI C/ISO C

ANSI C 是美国国家标准局于 1989 年制定的 C 语言标准。后来被国际标准化组织接受为标准，因此也称为 ISO C。ANSI C 的目标是为各种操作系统上的 C 程序提供可移植性保证，他不仅限于 UNIX。该标准不仅定义了 C 编程语言的语法和语义，而且还定义了一个标准库。这个库的头文件包括字符类型 <ctype.h>、错误码 <errno.h>和标准 I/O <stdio.h>等。

### 2. POSIX

POSIX（Portable Operating System Interface for Computing Systems）是由 IEEE 和 ISO/IEC 开发的一簇标准。该标准基于现有 UNIX 的实践经验，规范了操作系统的应用编程接口，目的是使应用程序源代码能够不加修改地移植到多种 UNIX 操作系统。1990 年，POSIX.1 与已通过的 C 语言标准联合，正式被批准为 IEEE 1003.1-1990 和 ISO/IEC 9945-1:1990 标准。POSIX.1 仅规定了系统服务应用编程接口。此后，又有多个标准相继发布。例如，命令与工具标准 POSIX.2、测试方法标准 POSIX.3 和实时编程接口 POSIX.4 等，如表 1-3 所示。

表 1-3             POSIX 系列标准

| POSIX 版本 | 目　　标 |
| --- | --- |
| 1003.1 | 库函数和系统调用标准 |
| 1003.2 | 命令工具标准 |
| 1003.3 | 测试方法标准 |
| 1003.4 | 实时标准 |
| 1003.5 | Ada 语言相关标准 |
| 1003.6 | 安全标准 |

### 3. SVID

System V 接口描述（SVID）是描述 AT&T 公司 UNIX System V 操作系统的文档，是 POSIX 标准的扩展超集。

### 4. XPG/X/Open

X/Open 可移植性指南（由 X/Open Company, Ltd.出版），是比 POSIX 更为一般的标准。X/Open 拥有 UNIX 的版权，而 XPG 则成为 UNIX 操作系统必须满足的要求。

# 1.2　GNU 的诞生与发展

## 1.2.1　自由软件计划 GNU

自由软件的发起人 Richard Matthew Stallman（简称 RMS）认为，对所有软件知识产权的约束会妨碍技术的进步，并对社区无益。他倡导所有软件应摆脱知识产权的约束。他于 1983 年发起 GNU 计划，GNU（GNU's Not UNIX 的缩写）发音为 "guh-NEW"。GNU 的目的是开发一个自由的类 UNIX 的完整操作系统。自由软件的含义是任何人可自由使用、学习、复制、修改和发布。

为了更好地开展 GNU 计划，1985 年，RMS 创立了自由软件基金会 FSF（Free Software Foundation）。由自由软件基金会负责对 GNU 计划进行组织和推广工作，依靠一些公司捐助和其他商业捐助来维持，其中也有来自个人的捐款。

经过多年努力，到 1990 年，GNU 计划已开发出大量高质量软件，包括文字编辑器 emacs、C 语言编译器 gcc、C 语言函数库 glibc、Shell 解析器 bash 以及类 UNIX 的工具软件，当时唯一未完成的是操作系统内核 HURD。这些软件为 Linux 操作系统的开发创造了良好的环境，是 Linux 能够诞生的重要基础。

### 1.2.2　许可证协议

#### 1. GPL

GNU GPL（GNU General Public License）通用公共许可证由 RMS 于 1989 年为 GNU 计划撰写，协议规定用户可以自由使用、复制、修改和发布自由软件，协议要求在对软件进行修改后，如果要再次发布，需将已修改的部分同时发布出来。GPL 协议的目的是推广自由软件的使用和学习，并且防止一些别有用心的公司在对免费软件进行修改后申请版权，阻碍软件的进一步推广。

除 GPL 外，存在多种开源许可证协议。例如，LGPL 和 BSD 等。下面对 LGPL 和 BSD 许可证协以进行简单介绍。

#### 2. LGPL

LGPL（Lesser General Public License）是一种基于 GPL 的扩展协议，它放宽了用户使用源代码的限制，允许源代码以链接库的形式提供给商业开发。Glibc 遵守 LGPL 协议。

#### 3. BSD

BSD（Berkley Software Distribution）是一种具有较多灵活性的开源协议，用户可以享有更多的权力，但除了下面两个限制条件。

（1）复制权必须被保留。

（2）在没有得到原作者允许的情况下，软件不能进行商业应用。

### 1.2.3　自由软件和开源软件

GNU 计划的创始人 RMS 倡导的自由软件（free software）是一种可以不受限制地自由使用、复制、研究、修改和分发的软件。而开源软件（open source software）是指一种公开源代码的软件，通常用户可以使用、复制、修改和分发软件的源代码。从这个意义上讲，两者没有区别，但是它们代表两种不同的哲学理念。自由软件的目的在于自由地"分享"与"协作"。开源软件则是从技术的角度，为了提高软件质量所采用的一种开发模式。

# 1.3　Linux 内核

### 1.3.1　Minix 操作系统

UNIX 从版本 7 开始，由于 AT&T 公司的商业目的，不再公布 UNIX 源代码。出于操作系统教学的需要，1987 年，荷兰籍教授 Andrew Tanenbaum 开发出基于 PC 机的类 UNIX 的操作系，统命名为 Minix。Minix 采用 C 语言和少量汇编语言，不含任何 AT&T UNIX 的代码，Minix 内核的代码量较小，采用基于模块的微内核结构，只有部分内核代码运行在内核模式下，其他则以进程的形式运行于用户模式例如，设备驱动程序和文件系统等。这样，驱动程序的故障不会导致系统的崩溃，也无需重新编译和重新启动内核，提高了系统的安全性。

同时，Andrew Tanenbaum 出版了一本名为《操作系统教程：Minix 设计与实现》的教材，对 Minix 的实现机制进行了详细描述。目前，Minix 的最新版本为 Minix3，相关源代码可以从

www.minix.org 下载，源代码遵守 BSD 版权协议。

### 1.3.2　Linux 的产生与发展

1991 年，芬兰赫尔辛基大学学生 Linus Torvalds 在 Minix 设计思想的基础上，在 Internet 上发布了 Linux0.01 内核。当时正逢 GNU 的操作系统内核未完成之际，从此，Linux 内核与 GNU 相结合，奠定了此后 Linux 系统的基础。

当时，Linux0.01 版只能运行于 386 处理器上，只提供有限的设备驱动，只支持 Minix 文件系统，对网络不提供支持。此后，在全世界 Linux 开发人员的共同努力下，Linux 内核不断增加新功能和优化结构，目前仍处在发展之中。

1994 年，Linux1.0 发布，和 Linux0.01 相比，增加了新的文件系统、内存文件映射和对 TCP/IP 的支持。

1996 年，Linux2.0 内核版本发布，增加了对多种硬件体系结构和多处理器结构的支持，内存管理代码进行了改进，提升了 TCP/IP 性能，提供了对内核线程的支持。

2006 年，Linux2.6 内核版本发布，将以往的非抢占式内核升级为抢占式内核，改进了进程调度策略，以适应实时应用环境的需要。

### 1.3.3　Linux 内核版本

Linux 内核版本的命名格式为 Linux-X.Y.Z，其中，X 为主版本号，X 的变化表示 Linux 内核在设计上有较大变化；Y 为次版本号，Y 的变化表示 Linux 内核有了一定的改变，当 Y 是偶数时，表示该版本为发行版，代码运行稳定，当 Y 为奇数时，表示该版本为开发版，技术最新，代码处于测试阶段；Z 为末尾版本号，Z 表示仅对版本有微小改变。

### 1.3.4　Linux 内核的分类

Linux 内核从发行组织和应用领域的角度，可分为不同的类型，分别由不同组织进行维护，常见的 Linux 内核如下。

#### 1.　标准 Linux 内核

标准 Linux 内核为通常意义上的 Linux 内核，由网站 www.kernel.org 维护。这些 Linux 内核并不总适用于 Linux 所支持的体系结构，该站点上的内核仅确保在 x86 体系结构上可正常运行，它是基于 x86 处理器的内核。

#### 2.　嵌入式 Linux 内核

为了在嵌入式系统中应用 Linux 内核，在标准内核的基础上，开发出了适用于不同体系结构的 Linux 内核版本。例如，在无内存管理单元的嵌入式系统上使用的 μClinux 和为 ARM 处理器开发的 ARM Linux 等。

# 1.4　Linux 系统

### 1.4.1　Linux 系统的概念

Linux 系统是指包含 Linux 内核、工具软件和应用程序等在内的一系列软件的集合，从软件层次结构的角度，将 Linux 系统分为 Linux 内核、Shell 命令解释器、管理工具和图形用户界面 4 个部分，如图 1-2 所示。

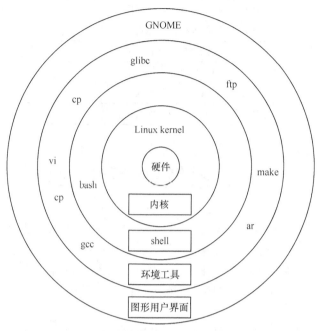

图 1-2　Linux 系统的层次结构

图 1-2 中，内核是整个操作系统的核心，为上层应用提供基本的软硬件访问服务，例如进程创建、文件存取、进程通信和信号处理等。Shell 是用户和内核交互的命令解析器。用户在 Shell 环境中可执行各种命令，实现对系统资源的访问。环境工具则是各种工具软件的集合，例如 vi 编辑器、磁盘分区和格式化工具、gcc 编译器等。用户可按实际需求定制所需的工具。图形用户界面是为了方便用户使用系统软硬件资源而开发的一种基于窗口的应用软件，用户可通过鼠标代替输入命令操作计算机，当然，用户可以不安装图形用户界面，而是通过 Shell 与计算机进行交互。

## 1.4.2　GNU/Linux

通常称 Linux 系统为 Linux，但从严格意义上说，Linux 指的只是 Linux 内核，Linux 内核不能构成一个完整的 Linux 系统。1991 年 Linux 的第一个版本公开发行，而此时 GNU 计划已完成除操作系统内核之外的大部分软件，因此，后来人们将 Linux 内核与 GNU 工具相结合，形成了 GNU/Linux。但并非所有的 Linux 系统都使用该名称，因为人们在 Linux 系统中也增加了其他元素，出于各种原因，多数 Linux 系统发行机构使用各自不同的称谓。

## 1.4.3　Linux 发行版

由企业、组织和个人开发的基于 GNU/Linux 的操作系统，称为 Linux 发行版。Linux 发行版形式多样，从功能齐全的桌面系统和服务器系统到面向特定应用的嵌入式系统，都有各自不同的特点。这些发行版可分为商业发行版与社区发行版，例如，Fedora（Red Hat）、OpenSUSE（Novell）、Ubuntu （Canonical 公司）和 Mandriva Linux 属于商业发行版，社区发行版由自由软件社区提供支持，例如 Debian 和 Gentoo 等。下面给出常用的 Linux 发行版，如表 1-4 所示。

表 1-4 Linux 发行版

| Linux 发行版 | 特　　点 | 网　　址 |
|---|---|---|
| RedHat | 易用，易维护，专业，应用广泛 | www.redhat.com |
| Debian | 非商业组织维护，功能强大 | www.debian.org |
| Mandrake | 容易安装与使用 | www.mandrakesoft.com |
| Novell/SuSE | 欧洲大陆的 Linux | www.suse.com |
| Ubuntu | 易于使用，版本更新快 | http://www.ubuntu.com/ |
| Gentoo Linux | 使用了由 RHEL 提供的源码资源 | http://www.gentoo.org/ |

# 1.5　Linux 系统的商业运营模式

自由软件的源代码是开放的，任何人可以自由复制、修改和发布，但必须遵循自由软件的许可证协议，同时，开源不等于免费。开源软件与商业本身并不冲突，开源软件可进行商业运营，事实上，它也是一种新兴的商业模式。开源软件本身的确是免费的，但开发者最初的意图是为了通过后续服务或出售赢利。下面给出开源软件的几种商业运营模式。

### 1.　多种产品线

利用开源软件带动商业软件的销售。例如，开源客户端软件带动了商业服务器软件的销售，借用开源版本带动商业许可版本的产品销售。这种模式应用得比较普遍。如 MySQL 产品就同时推出面向个人和企业的两种版本，即开源版本和专业版本，分别采用不同的授权方式。开源版本完全免费以便更好地推广，而从专业版的许可销售和支持服务中获得收入。又如 Red Hat 将原桌面操作系统转为 Fedora 项目，借 Fedora Core Linux 在开源社区的影响带动 Red Hat 企业版的销售。

### 2.　技术服务型

为开源软件提供技术服务。例如：JBoss 应用服务器完全免费，而通过提供技术文档、培训和二次开发等技术服务盈利。

### 3.　软、硬件一体化

在硬件产品中植入开源软件，开源软件不是利润的中心。这种模式被很多大型公司广泛采纳。例如 IBM 和 HP 等服务器厂商，通过捆绑免费的 Linux 操作系统销售硬件服务器。而 Sun 公司近期将其 Solaris 操作系统开放源代码，以确保服务器硬件的销售收入，也是这种模式的体现。

### 4.　附属品

出售开放源代码的附加产品。例如专业出版的文档和书籍等。O'Reilly 集团是销售开源软件附加产品公司的典型案例，它出版了很多优秀的开源软件的参考资料。

# 第2章
# Shell 命令

## 2.1　Shell 命令概述

### 2.1.1　目录的组织结构

文件系统用于存储系统的各种信息，例如 Linux 内核映像文件、Shell 脚本、配置文件和各种应用程序等。对于不同的 Linux 发行版，文件系统在内容组织上可能存在一定的差异，但和 UNIX 系统一样，文件的组织和命名都遵从一定的标准，从用户的角度，文件系统的组成元素是文件，目录是一种特殊的文件，目录中存放的是有关文件的信息。Linux 内核支持多种文件系统，系统中可同时存在多种类型的文件系统。Linux 系统启动时，选择一个分区作为根文件系统，其他分区的文件系统可根据需要动态挂载至某个目录，形成一棵目录树，其结构如图 2-1 所示。

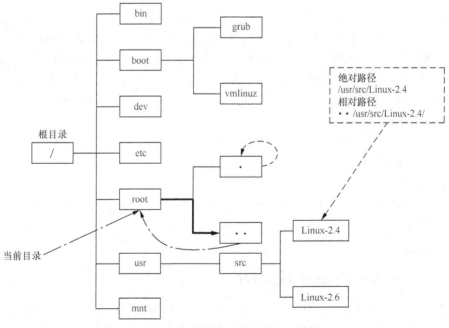

图 2-1　Linux 系统根文件系统目录结构

图中，"/" 表示根目录。为了便于管理，每个目录中存放两个特殊的目录，分别表示当前目

录 "."和父目录 ".."。根文件系统定义了一些具有特殊用途的目录,例如/dev 目录存放系统中所有的设备文件,/etc 目录存放系统的配置文件。表 2-1 给出了 Linux 根文件系统中常用目录的定义。

表 2-1　　　　　　　　　　　　　　Linux 根文件系统目录结构

| 目　录　名 | 内　容　描　述 |
| --- | --- |
| /bin | 所有用户可使用的可执行文件 |
| /sbin | 系统管理员使用的执行文件 |
| /boot | Linux 内核映像文件和与引导加载有关的文件 |
| /dev | 所有设备文件,包括字符设备和块设备 |
| /etc | 系统配置文件 |
| /lib | 共享库文件,供/bin 和/sbin 下的文件使用 |
| /mnt | 挂载点,常用于挂载文件系统 |
| /proc | 基于内存的文件系统,用于显示内核信息 |
| /usr | /usr/bin　　　　用户命令工具<br>/usr/include　　C 头文件<br>/usr/lib　　　　函数库<br>/usr/src/　　　源代码目录<br>/usr/sbin　　　系统命令工具 |

## 2.1.2　文件的路径

路径是表示文件在文件系统中的位置,路径是一系列由 "/"分割的目录名组成的字符串,例如/usr/src。当 "/"位于字符串首位时,表示根目录,位于两个目录名之间时,表示分隔符。

### 1. 用户主目录

每个用户在登录进系统时,都位于某个目录,该目录称为用户主目录。用户主目录在创建用户时定义,例如 root 的用户主目录是/root,普通用户的用户主目录通常是/home/username。不同用户的用户主目录一般互不相同,这样既便于管理又提高了系统的安全性。工作目录是指用户当前所处的目录,工作目录可由用户动态改变,而用户主目录由系统定义,用户在使用计算机的过程中一般不变。

为了描述文件在系统中的准确位置,根据定位方式的不同,路径可分为绝对路径和相对路径。

### 2. 绝对路径

绝对路径表示从根目录开始到目标文件所经历的一系列目录名构成的字符串,目录名之间用 "/"分割。例如/usr/src/linux-2.6。

### 3. 相对路径

相对路径指从当前目录开始到目标文件所经历的一系列目录序列。例如图 2-1 所示,若当前用户的工作目录为 /root,绝对路径为 /usr/src/Linux-2.4 的目录,相对路径可表示为../usr/src/Linux-2.4/。

## 2.1.3　Linux 命令的语法结构

在使用 Linux 系统时,可通过 Shell 的用户交互接口访问 Linux 系统。Shell 是架构于 Linux 内核之上的命令解析器,运行中的 Shell 循环等待并解释执行用户从终端上输入的命令。Shell 有多个版本,例如 csh、bash 和 ksh 等,Linux 系统中常用的 Shell 是 bash。这里以 bash 为例,对各种常用命令进行分类介绍，命令使用的语法结构定义如下。

$　命令名　　[选项]　　[参数列表]

其中，$为提示符，提示符可通过环境变量重新设置；命令名代表命令的名称，通常是可执行文件的文件名。选项表示用户对功能的特定要求，不同的选项具有不同的含义，在实际应用过程中，可通过选项组合表达用户需求；选项格式有短格式和长选项两种。例如-f 和-zxvf 为短选项格式，--filesize=512 为长选项格式。参数列表表示要操作的对象列表，对象可以是文件、目录、用户和用户组等，对象的性质由命令决定。

**实例分析**

$　ls -l /home　　　　　　　　#以详细列表方式显示目录/home 下的所有文件

$ cp -rf　/demo/　　/test　　　#将/demo 目录下所有文件拷贝至/test 目录

### 2.1.4　Shell 命令的分类

根据 Shell 命令实现方式的不同，Shell 命令可分为内部命令和外部命令。

**1. 内部命令**

内部命令由 Shell 实现，具有较高的执行效率，运行于当前进程；可通过命令 type 判断是否为外部命令。

$　type -t ls　　　　　#判断命令 ls 是否为内部命令

$ type -t cd　　　　　#判断命令 cd 是否为内部命令

**2. 外部命令**

外部命令是指存储于文件系统中的可执行二进制映像文件。Shell 创建子进程，在子进程中加载并执行外部命令。可通过 file 命令查看外部命令的信息。

$ file　cp　　　　　　# 查看外部命令 cp 的相关信息

### 2.1.5　联机帮助

有些命令的选项较多，为了获得这些命令的使用细节，Linux 提供了联机帮助命令，例如 man 和 info 等。下面给出这些命令的使用实例。

$ man　ls　　　　　　# 利用 man 命令查询 ls 命令的操作文档

$ info　cp　　　　　　# 获得命令 cp 的相关信息

$ ls --help　　　　　　# 通过选项--help 获得 ls 命令的相关信息

# 2.2　目录和文件操作

### 2.2.1　目录操作

在 Linux 系统中，目录是一种特殊的文件，其中包含了指向文件或子目录的链接信息。它是建立层次型文件系统的基础。下面给出与目录操作相关的命令。

**1. pwd 命令**

**语法**

pwd

**功能**

表示当前目录的绝对路径名。

**实例分析**

$ pwd                              # 显示当前目录的绝对路径名

**2. cd 命令**

**语法**

cd  目录名

**功能**

改变当前目录。

**实例分析**

$ cd   test                        # 切换到当前目录下的 test 子目录

$ cd   /                           # 切换到系统根目录

$ cd   ..                          # 切换到父目录

$ cd   ～/demo                     # 切换至用户主目录的 demo 目录，"～"表示用户主目录

**3. mkdir 命令**

**语法**

mkdir   [选项] 目录名

**功能**

创建指定名称的目录。

**实例分析**

$ mkdir mydir                      # 在当前目录下创建 mydir 目录

$ mkdir ～/demo                    # 在用户主目录下创建 demo 子目录.

$ mkdir-p /demo/test               # 分别创建 demo 和 test 目录，-p 表示创建一系列目录

**4. rmdir 命令**

**语法**

rmdir   [选项] 目录名

**功能**

删除指定名称的空目录。

**实例分析**

$ rmdir mydir                      # 删除当前目录下的 mydir 子目录

$ rmdir -p dir1/dir2               # 删除 dir1 下的 dir2 目录，若 dir1 目录为空，则也删除

## 2.2.2  文件操作

和目录一样，是文件是构成文件系统的基本元素，文件是由若干分布于块设备的逻辑块构成。从用户的角度看，文件是由若干连续字节构成的序列。文件系统记录了每个文件的名称、大小、数据在磁盘上的分布以及操作时间等信息，下面介绍与文件有关的一些命令的使用方法。

**1. ls 命令**

**语法**

ls   [选项] 目录或文件

**功能**

显示文件和目录信息。

| 选　　项 | 含　　义 |
|---|---|
| -a | 查询所有文件，包括文件名以.开头的隐藏文件 |
| -l | 以详细列表的方式显示文件属性 |
| -i | 显示文件的 i 节点编号 |
| -R | 连同子目录内容一起列出 |

**实例分析**

| $ ls　-l　~/ | # 详细列出用户主目录下所有文件的信息 |
|---|---|
| $ ls　-a　./ | # 列出当前目录下的所有文件，包括隐藏文件 |
| $ ls　-Ri　~/ | # 递归列出~/下的所有文件，并显示文件的 i 节点号 |

**2. cp 命令**

**语法**

cp　[选项]　源文件　目标文件

**功能**

将源文件复制到目标文件。

| 选　　项 | 含　　义 |
|---|---|
| -I | 若目标文件已存在，提示是否要覆盖 |
| -p | 连同源文件的属性一起复制到目标文件 |
| -r | 递归复制，用于目录复制 |
| -u | 若目标文件比源文件旧，则更新目标文件 |

**实例分析**

| $ cp file1 file2 | # 将文件 file1 复制为文件 file2 |
|---|---|
| $ cp -r dir1 dir2 | # 复制目录 dir1 到目录 dir2，-r 选项表示递归复制目录 |
| $ cp -ur　~/dir1　~/dir2 | # 更新 dir1 的备份目录 dir2 |

**3. rm 命令**

**语法**

**rm**　[选项]　文件列表

**功能**

删除文件列表中的文件。

| 选　　项 | 含　　义 |
|---|---|
| -i | 在删除文件前给出提示 |
| -r | 递归删除，用于删除目录 |
| -f | 强制删除，不给出提示 |

**实例分析**

| $ rm　file1　file2 | # 删除文件 file1 和 file2 |
|---|---|

$ rm  r  dir1                    # 删除目录 dir1

$ rm  -ir  ～/dir1              # 删除～/dir1 目录，并给出提示

### 4．mv 命令

**语法**

mv  [选项] 文件和目录列表  目标目录

**功能**

将列表中的所有文件和目录移动到目标目录。

| 选　　项 | 含　　义 |
|---|---|
| -f | 强制移动，若目标文件已存在，不进行提示 |
| -i | 若目标文件已存在，提示是否覆盖 |
| -u | 若目标文件存在且比较旧，则用源文件更新 |

**实例分析**

$ mv fole1 file2                 # 将文件 file1 更名为 file2

$ mv file1 dir1 dir2           # 将文件 file1 和目录 dir1 移动至目录 dir2

### 5．find 命令

**语法**

find  [目录列表]  [匹配方式]

**功能**

在目录列表中按照匹配方式搜索符合条件的文件。

| 匹 配 方 式 | 含　　义 |
|---|---|
| -name 文件名 | 在目录列表中搜索和文件名相匹配的文件 |
| -type x | 在目录列表中搜索类型为 x 的文件，例如 d 表示目录 |
| -newer 文件名 | 搜索所有修改时间比 file 文件更新的文件 |
| -size n | 匹配所有大小为 n 块的文件，c 在 n 后表示字节数 |
| -mtime n | 匹配所有在前 n 天内修改过的文件 |
| -atime n | 匹配所有在前 n 天内访问过的文件 |
| -print | 显示整个文件路径和名称 |
| -user 用户名 | 搜索所有属主为用户名的文件 |
| -exec command | 匹配的文件执行 command 命令，命令的形式为 command {}\; |

**实例分析**

$ find / -name demo.c  -print              # 查找文件 demo.c

$ find  ～  -name "dev" -print            # 查找所有文件名中包含 dev 的文件

$ find /etc  -size -150c -print            # 查找所有文件尺寸小于 150 字节的文件

$ find / -type d -print                      # 查找所有目录文件

$ find  /usr -name my* -type f -print     # 查找以 my 开头的所有普通文件

$ find ～/mydir -type f -mtime -10 -print   # 查找 10 天以内修改过的所有文件

$ find . !  -type d -links  +2  -print     # 显示链接数大于 2 的所有非目录文件

$ find / -name demo.c -print -exec ls -l {} \;   # 查找所有 demo.c 文件，并以详细列表方式显示

## 2.2.3　显示文本文件内容

文本文件是指以 ASCII 码方式存储的文件，Linux 系统中经常会用到这样的文件，例如/etc 目录中的配置文件和 Shell 脚本等，下面介绍如何使用命令显示文本文件的内容。

### 1. cat 命令

**语法**

cat　[选项] 文件列表

**功能**

在终端上显示文件列表中文本文件的内容，若未提供文件列表，则表示从键盘输入。

**实例分析**

| | |
|---|---|
| $ cat /etc/fstab | # 显示文件/etc/fstab 的内容 |
| $ cat texta textb | # 分别显示文本文件 texta 和 textb 的内容 |

### 2. more 命令

**语法**

more [选项] 文件列表

**功能**

分页显示文本文件的内容。

**实例分析**

| | |
|---|---|
| $ more demo.c | # 分页显示 demo.c 中的内容 |
| $ find / -name "*.c" -mtime -10 -print -exec more {} \; | # 分页显示所有 10 天内修改的 C 程序 |

### 3. less 命令

**语法**

less [选项] 文件名

**功能**

分页显示文件内容，可用 PgDn 和 PgUp 翻页。

**实例分析**

| | |
|---|---|
| $ less　 /etc/services | # 分页显示文件 services 中的内容 |
| $ less –N /etc/services | # 分页显示文件 services 中的内容，在每行前显示行号 |

### 4. head 命令

**语法**

head [选项] 文件名

**功能**

显示文件前若干行。

### 5. tail 命令

**语法**

tail [选项] 文件名

**功能**

显示文件后若干行。

**实例分析**

| | |
|---|---|
| $ head　 -20　 /etc/services | # 显示文件 services 的前 20 行 |

```
$ tail -20 /etc/services                    # 显示文件 serices 的后 20 行
```

### 2.2.4　硬链接和软链接

#### 1. 硬链接

在文件系统中，每个文件都与一个 i 节点相对应，i 节点中记录了除文件名外文件的所有属性。对一个文件建立硬链接，就是仅复制该文件的 i-节点，不包括文件的内容，同时，将两者的链接计数加 1。由于不同文件系统的 i 节点的结构不同，因此不能在不同文件系统之间建立硬链接。

**实例分析**

```
$ ln sfile dfile                            # 对 sfile 建立硬链接文件 dfile
```

#### 2. 软链接

软链接又称为符号链接，符号文件的内容存储的是被链接文件的路径，因此符号链接可以跨越不同的文件系统。

**实例分析**

```
$ ln -s sfile dfile                         # 对文件 sfile 建立符号链接文件 dfile
```

# 2.3　用户和用户组管理

Linux 是多用户操作系统，Linux 可在系统中建立多个用户，由不同用户分享系统资源，每个用户具有不同的资源访问权限，不同用户之间既有共享资源，又有各自独立的资源空间；并通过建立用户组来管理相关用户。

## 2.3.1　用户的分类

在 Linux 系统中，所有用户都有一个唯一的标识 UID。从用户的角度，每个用户都有一个名字，例如超级用户 root。Linux 系统为了方便用户使用，在用户名和 UID 之间建立一对一的关系。为了安全的考虑，Linux 系统将用户分为超级用户、虚拟用户和普通用户。

（1）超级用户。超级用户一般用于系统管理，可不加限制地使用系统资源，具有所有权限，用户名为 root，UID 为 0。

（2）虚拟用户。与超级用户不同，虚拟用户是一种受限用户，为满足系统进程对文件资源的访问控制而建立，虚拟用户不能用来登录。例如 bin、daemon、adm 和 lp 等都是虚拟用户，用户 UID 一般为 1～499。

（3）普通用户。与虚拟用户一样，普通用户也是受限用户，建立普通用户的目的是为了让使用者登录系统，分享 Linux 系统的软硬件资源，用户的 UID 在 500～60000 之间。

## 2.3.2　用户组管理

用户组是由若干相关用户构成的集合，属于该组的用户对某些文件具有相同的存取权限，用户组提供了第二层次的安全控制，通过用户组，可以使多用户实现对资源的共享。　一个用户组可包含多个用户，一个用户也可属于多个用户组。在这多个用户组中，必须有一个是用户的主用户组，其他则为附加用户组。创建文件的用户成为该文件的属主用户，该用户的主用户组则成为该文件的属组，每个文件的属主用户和属组是唯一的。

### 1. groupadd 命令

**语法**

groupadd　用户组名

**功能**

添加指定名称的用户组名。

**实例分析**

$ groupadd　grp1　　　　　　　　　　　　# 创建用户组 grp1

### 2. groupdel 命令

**语法**

groupdel 用户组名

**功能**

删除指定名称的用户组名

**实例分析**

$ groupdel　grp1　　　　　　　　　　　　# 删除用户组 grp1

## 2.3.3　用户管理

### 1. useradd 命令

**语法**

useradd　[选项] 用户名

**功能**

建立用户。

| 选　　项 | 含　　义 |
| --- | --- |
| -g | 指定用户所属的主用户组 |
| -G | 指定用户所属的附加用户组 |
| -n | 取消建立以用户名称为名的用户组 |
| -r | 建立系统账号 |
| -s | 指定用户的登录 Shell |
| -u | 指定用户 ID 号 |
| -m | 自动建立用户登录后的用户主目录 |
| -d | 指定用户登录后的用户主目录 |

**实例分析**

$ useradd　usr1　　　　　　　　　# 创建用户 usr1，建立同名用户组 usr1 作为其主用户组

$ useradd -u 321 -g grp1　usr2　　　# 建立用户 usr2，UID 为 321，grp1 作为主用户组

$ useradd -g g1 -G g2，g3　usr1　　# 建立用户 usr1，g1 为主用户组，g2 和 g3 为附加用户组

$ groups usr1　　　　　　　　　　# 显示用户所属的用户组

### 2. passwd 命令

**语法**

passwd 用户名

**功能**

建立用户的登录密码。

**实例分析**

$ passwd usr1　　　　　　　　　　　　　　# 设置 usr1 的登录密码

## 2.3.4　用户属性的修改

**1. usermod 命令**

**语法**

usermod [选项] 用户名

**功能**

修改用户属性。

| 选　　项 | 含　　义 |
| --- | --- |
| -d | 修改用户登录用户主目录 |
| -s | 修改用户登录 Shell |
| -g | 修改用户所属的主用户组 |
| -G | 修改用户的附加用户组 |
| -U | 修改用户 ID |

**实例分析**

$ usermod -g grp2　　usr1　　　　　　　　# 将用户 usr1 的主用户组更改为 grp2

$ usermod　-s /bin/bash usr1　　　　　　# 将用户 usr1 的登录 Shell 更改为 bash

**2. chown 命令**

**语法:**

　　chown　　[用户]:[用户组] 文件列表

**功能**

改变文件的所属用户和组。

**实例分析**

$ chown　　usr1　　myfile　　　　　　　# 设置文件 myfile 所属用户为 usr1

$ chown　　:grp1 myfile　　　　　　　　# 设置文件 myfile 所属用户组为 grp1

$ chown　　usr1:grp1 myfile　　　　　　# 设置文件 myfile 所属用户和用户组分别为 usr1 和 grp1

## 2.3.5　用户管理相关配置文件

在进行用户管理过程中，所有用户、用户组和密码等信息都存放在/etc 的相关文本文件中，表 2-2 给出一些与用户管理有关的配置文件。

表 2-2　　　　　　　　　　　　　　　　　　与用户相关文件的路径

| 文　　件 | 功　　能 |
| --- | --- |
| /etc/group | 保存用户组信息 |
| /etc/passwd | 保存用户名信息 |
| /etc/shadow | 保存用户的加密口令 |
| /home/username | 用户 username 的用户主目录 |

# 2.4　文件的权限管理

## 2.4.1　文件属性

Linux 内核通过 i 节点来管理文件，每个文件对应一个 i 节点，每个 i 节点均有唯一编号与之对应，i 节点包含了除文件名外的所有属性。例如块设备上存放文件内容的所有逻辑块的分布，在读写文件时，通过这些信息可定位操作数据的准确位置；权限信息，用于控制用户对文件的存取；用户与用户组信息，用于描述文件的属主；此外，i 节点中还拥有文件类型、文件创建时间、修改时间等信息。通过 ls 命令，并配合-l 选项可实现对文件属性的查询，如图 2-2 所示。其中，第 1 个字符用于表示文件类型，第 2 至 10 共 9 个字符表示文件的操作权限，链接数表示文件被引用的次数，用户名和用户组名分别代表文件所属的用户和组。下面分将对文件类型和权限的表示方式进行介绍。

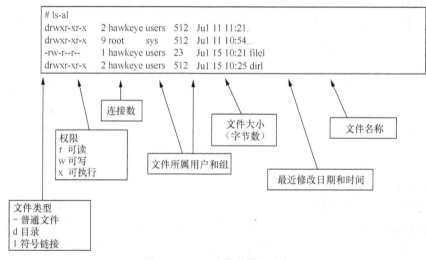

图 2-2　Linux 文件的详细列表

### 1. 文件类型

第一个字符用于表示文件的类型。在 Linux 系统中，除了常见的普通文件和目录文件外，还有许多特殊文件，例如字符设备文件、块设备文件和管道等。由于它们具有和文件相似的操作特性，Linux 将其抽象为特殊的文件，利用文件的 API 接口实现对这些设备的操作。文件类型如表 2-3 所示。

表 2-3　　　　　　　　　　　　　　　　文件类型的字符表示

| 前　　缀 | 类　　型 | 前　　缀 | 类　　型 |
|---|---|---|---|
| - | 普通文件 | l | 链接文件 |
| b | 块设备文件 | p | 命名管道文件 |
| c | 字符设备文件 | | |
| d | 目录 | | |

### 2. 权限的定义

Linux 系统中定义了三种文件操作权限，分别为读（r）、写（w）和执行（x）。在图 2-2 中，从第 2 列至第 10 列共计 9 个字符可分为三组，每组三位，依次定义读、写和执行，如果某位被设置，该位就用相应字符表示，"r"表示读，"w"表示写，"x"表示执行；如果某位未定义权限，则用"-"字符表示。它们也可用八进制数表示，值分别是 4、2 和 1。若某位未设置，则其值为 0。三组分别代表文件所属用户、文件所属用户组和其他用户。通过这种方法，对不同的用户就可定义不同的文件访问权限。如果某组权限是"r-x"，用八进制表示为 4+0+1=5。如果这三组权限分别为"rwxr-xr—"，则八进制表示为 754，权限的定义如表 2-4 所示。

表 2-4　　　　　　　　　　　　　　　　文件权限的定义

| 权限项 | 读 | 写 | 执行 | 读 | 写 | 执行 | 读 | 写 | 执行 |
|---|---|---|---|---|---|---|---|---|---|
| 字符表示 | （r） | （w） | （x） | （r） | （w） | （x） | （r） | （w） | （x） |
| 数字表示 | 4 | 2 | 1 | 4 | 2 | 1 | 4 | 2 | 1 |
| 权限分配 | 文件所有者 | | | 文件所属组用户 | | | 其他用户 | | |

### 3. 权限的作用

虽然文件和目录都可被赋予读、写和执行三种权限，但这三种权限对于文件和目录有着不同的含义，表 2-5 给出读、写和执行权限对于文件和目录所代表的含义。

表 2-5　　　　　　　　　　　　　　权限对文件和目录的定义

| 权　　限 | 文　　件 | 目　　录 |
|---|---|---|
| r（读） | 查看文件内容 | 浏览目录内容 |
| w（写） | 修改文件内容 | 在目录中创建文件或目录 |
| x（执行） | 将文件投入运行 | 进入目录 |

### 4. 扩展权限的定义

除了上述系统为三类用户定义的三种权限外，有时系统对权限会有一些特殊要求。例如，普通用户通过 passwd 命令修改密码时，需临时扮演某种角色，使用户临时拥有某种特殊的权力。这需要在被执行命令文件中定义一些特殊的位，它们分别为 SUID、SGID 和 Sticky 位，下面介绍这些位的定义。

（1）Set-User-ID 位

SUID（Set-User-ID）是三种特殊权限中的第 1 位，通过在某文件上设置 SUID 位，当用户在访问该文件时，用户临时拥有该文件属主用户的权限。例如修改用户登录密码是通过修改 /etc/shadow 文件来完成的，观察该文件访问权限的设置。

$ls -l /etc/shadow

-r-------- 　1 root　　root　　　　1090 Sep　7 19:10　　shadow

从上面不难看出，只有 root 用户具有对该文件使用权限，没有赋予其他用户任何权限，因此，普通用户若要完成对登录密码的修改，必须临时扮演 root 用户的角色，为了达到这一目的，可通过给/usr/bin/passwd 文件定义 SUID 位来实现。

$ ls -l /usr/bin/passwd

-r-s--x--x 1 root root 18840 Mar 7 18:06 /usr/bin/passwd

在上述文件属主用户权限的定义中，小写字母"s"表示"x"和 SUID 位同时被设置，SUID

位的设置告诉内核，无论执行 passwd 命令的用户是谁，在执行 passwd 命令时，临时扮演 passwd 文件属主用户的角色。值得注意的是，普通用户只能修改自己的密码，因为 passwd 可判断使用者的身份。

（2）Set-Group-ID。

SGID（Set-Group-ID）是三种特殊权限中的第 2 位，若某文件的所属用户组为 g，且该文件的 SGID 位被设置，当用户访问该文件时，用户将临时扮演用户组 g 中用户的角色。若在某目录上设置 SGID 位，则该目录中建立文件或目录的所属用户组为该目录的所属用户组。

（3）Sticky 位

Sticky 是三种特殊权限中的第 3 位，当前该位只对目录有效，若某目录被设置 Sticky 位，且用户在该目录上具有"w"和"x"权限，用户只能删除属于自己的文件或目录。例如，临时目录/tmp，观察该目录的属性。

$　ls –l /tmp

drwxrwxrwt 5 root root 4096 Jul 20 10:00 /tmp

在表示其他用户权限的可执行位上，小写"t"表示该组的"x"位被设置，同时 Sticky 位也被设置。

#### 5. 权限的显示格式

通常，若文件的特殊权限位没有被设置，使用 ls –l 命令显示文件权限时，9 个连续的字符分三组依次代表所属用户、所属用户组和其他用户，每组中的权限依次为读、写和执行。若某位没有被设置，则用"-"表示。例如："rwxrw-r--"表示，所属用户具有读、写和执行三种权限，所属用户组具有读和写两种权限，其他用户只有读一种权限。若特殊权限位被定义，由于没有专门为这些特殊权限定义显示位置，它们分别借用了所属用户、所属用户组和其他用户的执行位，当所属用户的执行位显示为小写字母"s"时，表示所属用户的执行权被设置，且 SUID 位也被设置；若显示为大写字母"S"时，则表示所属用户的执行权没有被设置，但 SUID 位被设置。同理，若所属用户组的执行位显示为小写字母"s"，表示所属用户组的执行权被设置，且 SGID 位也被设置，若显示为大写字母"S"，则表示所属用户组的执行权没有被设置，但 SGID 位被设置。若其他用户的执行位显示为小写字母"t"，表示其他用户的执行权被设置，且 Sticky 位也被设置，若显示为大写字母"T"，则表示其他用户的执行权没有被设置，但 Sticky 位被设置。特殊位的显示格式如表 2-6 所示

表 2-6　　　　　　　　　　　　特殊位的显示实例

| 权　　限 | 特殊位的含义 |
| --- | --- |
| -rwSr--r-- | SUID 被设置，但所属用户的执行权没有被设置 |
| -rwsr-xr-x | SUID 和所属用户的执行权都被设置 |
| -rw-r-Sr-- | SGID 被设置，但所属用户组的执行权没有被设置 |
| -rwxr-sr-x | SGID 和所属用户组的执行权都被设置 |
| drwxrw-r-T | Sticky 位被设置，但其他用户的执行权没有被设置 |
| drwxrw-r-t | Sticky 位和其他用户的执行权都被设置 |

## 2.4.2　权限的修改

**chmod 命令**

语法一

语法  chmod [ugoa] [+-=] [ rwxst] 文件列表

语法二

chmod 八进制权限值  文件列表

**功能**

更改文件的访问权限。

在 chmod 命令的语法一中，各选项的含义如表 2-7 所示。

表 2-7　　　　　　　　　　　　　　chmod 命令语法一中各选项含义

| 选　项 | 功　　能 | 选　项 | 功　　能 |
|---|---|---|---|
| a | 所有用户 | = | 赋值权限 |
| u | 属主用户 | r | 读权限 |
| g | 属主用户组 | w | 写权限 |
| o | 其他用户 | x | 执行权限 |
| + | 添加权限 | s | SUID 位/SGID 位 |
| − | 删除权限 | t | Sticky 位 |

**实例分析**

假设文件 demo 的初始权限为 "rwxrwxrwx"，下面运用 chmod 命令对文件 demo 权限进行修改，并给出每步修改后的结果。

```
$ chmod   a-x demo            # 结果为 rw-rw-rw-
$ chmod   go-w demo           # 结果为 rw-r--r--
$ chmod   g+w demo            # 结果为 rw-rw-r--
$ chmod   a=   demo           # 结果为 ---------
$ chmod   +t demo             # 结果为 --------T
$ chmod   u+s demo            # 结果为 --S-----T
$ chmod   u+rx demo           # 结果为 r-s-----T
$ chmod   g+rws demo          # 结果为 r-srwS-T
$ chmod   u-s demo            # 结果为 r-SrwS-T
```

在语法二中，chmod 命令以八进制数值的形式定义权限，其中也包含特殊权限在内，共分为四组，依次为特殊权限组、所属用户、所属用户组和其他用户，每组三位，分别为读、写和执行，特殊权限组内的三位依次为 SUID 位、 SGID 位和 Sticky 位，三位对应的值分别为 4，2 和 1。下面给出一些实例。

```
$ chmod   666   demo          # 结果为 rw-rw-rw-
$ chmod   644   demo          # 结果为 rw-r--r--
$ chmod   700   demo          # 结果为 rwx------
$ chmod   4666   demo         # 结果为 rwSrw-rw-
$ chmod   1111   demo         # 结果为 --x-x--t
```

## 2.4.3　权限验证

在 Linux 系统中，用户信息作为 Shell 进程属性的一部分被记录下来，用户分为实际用户和有效用户，实际用户是指登录用户，而有效用户是指临时扮演的用户。当用户访问某文件时，若文件的特殊权限位没有被设置，则访问进程的实际用户就是有效用户，在这种情况下，当进程的有效用户等于文件的所属用户时，文件的所属用户权限起作用，若进程的有效用户不等于文件的所属用户，但进程的有效用户属于文件的所属用户组时，文件的所属用户组权限起作用，否则，其他用户权限起作用。若文件的 SUID 位被设置，则访问进程的有效用户将被修改为文件的所属用户，用户将临时扮演文件所属用户的角色；同样，若文件的 SGID 被设置，则用户将临时扮演文件所属用户组成员的角色，访问进程的有效用户组替换为文件的所属用户组。

## 2.4.4　权限掩码 umask

在 Linux 系统中，为了对新建文件和目录的权限进行控制，系统事先为用户定义了 umask 掩码，不同用户的掩码值可能不同。umask 是进程的一个属性，目的是为进程创建的文件或目录定义默认权限，它是进程运行环境的一部分。用户登录系统后，umask 值在 Shell 的启动配置文件中定义，Shell 创建的所有子孙都将继承这一属性。用户可通过 umask 命令修改 umask 的值。

umask 命令

**语法**

umask nnn

**功能**

修改权限掩码。

其中，nnn 为权限掩码的值，取值范围为 0000-0777。

## 2.4.5　文件和目录权限的计算

下面以掩码值 002 为例，说明如何根据 umask 的值计算新建文件或目录的默认权限，002 用二进制标识为 000000010，共 9 位，前三位用于控制用户的权限，中间三位用于控制用户组的权限，后三位用于控制其他用户的权限，这三组中的三位依次代表读、写和执行三种权限。若掩码中某位的值为 1，则在创建文件和目录时，相应位的权限被屏蔽，但新建文件各组的执行权除外，也就是说，无论掩码中执行权的值是否为 1，创建文件时，各组都不赋予执行权。根据这个规则，使用掩码 002，创建目录的默认权限为 775，创建文件的默认权限为 665。表 2-8 给出常用 umask 掩码所对应文件和目录的默认权限值。

表 2-8　　　　　　　　　　掩码值与新建文件和目录默认权限的关系

| Umask 的值 | 创建目录的权限 | 创建文件的权限 |
|:---:|:---:|:---:|
| 022 | 755 | 644 |
| 027 | 750 | 640 |
| 002 | 775 | 664 |
| 006 | 771 | 660 |
| 007 | 770 | 660 |

**实例分析**

$ umask　　　　　　　　　　　　# 显示当前的 umask 掩码

$ umask　　002　　　　　　　　　# 将当前 Shell 的 umask 掩码修改为 002

# 2.5 进 程 管 理

进程是程序的一次运行，是可调度的执行单元，也是系统资源的拥有者。在 Linux 系统中，init 进程是所有进程的祖先，其进程标识为 1，通过 init 进程实现应用环境的初始化，其中包括创建用户登录终端。用户在使用系统时，须首先登录终端，成功登录后，系统为用户启动 Shell 进程，用户通过输入 Shell 命令，创建新的进程，完成各项功能。为了便于管理，需在进程中记录进程的环境信息，例如创建的用户、所在的终端和所属的进程组等。

## 2.5.1 进程的管理信息

### 1. 会话

Linux 使用会话和进程组管理多用户进程，当用户在某个终端上登录时，系统创建一个新的会话，以会话 ID 的形式记录在进程中。同一终端上派生的所有进程通常具有相同的会话 ID，但不同终端上派生进程的会话 ID 不同。一个会话中有一个领头进程和终端相连，负责从终端上接收输入。

### 2. 进程组

为了实现作业管理，引入进程组的概念，将完成某种作业的相关进程定义为进程组，以进程组 ID 的形式记录在进程中。同组进程的进程组 ID 相同，属于不同组的进程拥有不同的进程组 ID，一个进程组至少包含一个进程，每个进程组中包含一个领头进程，领头进程的进程 ID 等于进程组 ID，一个终端会话可包含多个进程组，根据进程运行方式的不同，可将进程分为前台进程和后台进程。

（1）前台进程。

当在 Shell 提示符下键入一命令并按回车时，Shell 将一直等待，直到命令执行结束，在此期间，用户不能在键盘上键入其他命令，以这种方式运行的进程称为前台进程，在一个会话中只能有一个前台进程组。

（2）后台进程。

在运行命令时，在命令的末尾加上 "&" 字符，使其运行在后台，用户可获得对终端的控制权，可在提示符下输入其他命令，以这种方式运行的进程称为后台进程，后台进程运行的优先级较低，因此，将一个运行时间较长的进程放在后台运行是一个不错的选择。

（3）作业。

前台进程和后台进程都称为作业，当进程在前台运行时，从键盘上按下 Ctrl+z，这样可使前台进程挂起。因此，作业有前台、后台和挂起三种状态。Shell 可使作业在这三种状态之间变换。

### 3. 控制终端

终端用于系统与用户间的交互，键盘作为终端的输入，终端显示器作为终端的输出。当会话的领头进程打开一个终端之后，该终端就成为会话的控制终端。一个会话只能有一个控制终端，一个控制终端也只能控制一个会话，控制进程属于前台进程组，后台进程组不拥有控制终端。

下面通过实例分析会话、前台进程组、后台进程组、作业、领头进程和控制终端的关系。如图 2-3 所示，其中，命令行（1）和（2）创建两个后台进程组，proc1 和 proc3 分别为它们的领头进程；命令行（3）创建前台进程组，proc6 为领头进程，也是会话的领头进程。这三个进程组也称为作业。Shell 本身也是一个进程组，负责控制终端的分配和作业的管理，在执行命令（3）后，Shell 工作在后台。

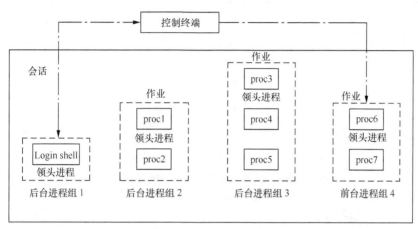

图 2-3　会话、进程、进程组和控制终端的关系

#### 4. 守护进程

守护进程是一种运行在后台的特殊进程，它摆脱了与控制终端的关系，终端丢失或关闭，不会影响守护进程的正常运行。守护进程通常周期性地运行在系统中，等待某种事件的发生，为用户提供某种服务。例如 FTP 服务和 Web 服务等，守护进程通常在系统开机时自动启动。

### 2.5.2　与进程相关的命令

#### 1. pstree 命令

**语法**

pstree　[选项]

**功能**

显示系统中进程之间的继承关系。

图 2-4 显示 pstree 命令的运行结果，从图中不难看出，init 为所有进程的祖先，其他进程均为 init 的子孙进程。

#### 2. ps 命令

**语法**

ps　[选项]

**功能**

显示系统中进程的状态和属性。

ps 命令的选项较多，表 2-9 仅介绍一些常用的选项。

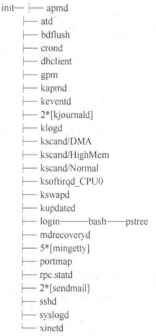

图 2-4　Linux 系统中进程间的派生关系

表 2-9            ps 命令常用选项

| -a | 显示终端上的所有进程，包括其他用户的进程 |
|----|------------------------------------------|
| -r | 只显示正在运行的进程 |
| -x | 显示没有控制终端的进程 |
| -u | 打印用户格式，显示用户名 |
| -l | 长列表方式 |
| -e | 显示所有进程 |
| -f | 全格式 |
| -j | 按作业格式输出 |

### 实例分析

```
$ ps  -a                          # 显示所有终端上运行的进程
$ ps  -efj                        # 显示所有进程
```

在使用 ps 命令显示进程的运行状态时，显示的信息中涉及较多的字段名，下面给出常用的字段名及其含义，如表 2-10 所示。

表 2-10        ps 命令显示进程状态时所涉及的字段名及其含义

| 字 段 名 | 含 义 |
|----------|-------|
| USER | 进程所有者 |
| PID | 进程 ID |
| %CPU | CPU 占用率 |
| %MEM | 内存占用率 |
| VSZ | 进程的内存映像所占的空间 |
| RSS | 进程运行在用户空间中所占的物理字节大小 |
| TTY | 进程执行所在的终端 |
| STAT | 进程的状态 |
| START | 进程开始运行时间 |
| TIME | 进程占有 CPU 的时间，以分和秒表示 |
| COMMAND | 启动命令的命令行 |

Linux 系统中的进程有多种运行状态，用 ps 命令可显示进程当前的运行状态，下面给出进程状态的字符定义，如表 2-11 所示。

表 2-11         ps 命令显示进程状态的字符定义

| 状 态 | 含 义 |
|-------|-------|
| S | 可中断的睡眠状态 |
| D | 不可中断的睡眠状态 |
| R | 正在运行 |
| Z | 僵死状态，进程已终止，但进程描述符仍存在 |
| T | 停止状态 |

### 3. kill 命令

**语法**

kill　[-s 信号代码]　进程 PID

**功能**

根据 PID 向进程发送信号，常用于结束进程。

kill 命令将指定信号发送给指定的进程或进程组，如果没有指定信号，则将发送 TERM 信号。

| 选　项 | 含　义 |
| --- | --- |
| -l | 列出所有可用的信号名称 |
| -s | 指定发送的信号 |

kill 命令中进程 PID 的取值应符合以下规则。

| 进程 PID | 含　义 |
| --- | --- |
| >0 | 将信号发送给进程标识为 PID 的进程 |
| =0 | 将信号发送给当前进程所在组的所有进程 |
| =−1 | 将信号发送给所有进程标识大于 1 的进程 |
| −n，n>1 | 将信号发送给进程组标识为 n 的所有进程 |

**实例分析**

```
$ kill  −l                          # 列出所有信号
$ kill  -9 323                      # 发送信号 9（KILL）终止 PID 为 323 的进程
# kill  −9  −1223                   # 杀死进程组号为 1223 中的所有进程
$ kill  -lTERM  0                   # 发送信号 TERM 给当前进程组中的所有进程
$ kill  −9     −1                   # 发送信号 KILL 给所有进程标识大于 1 的进程
```

### 4. fg 命令

**语法**

fg　作业号

**功能**

将指定作业号的作业从后台切换至前台。

### 5. bg 命令

**语法**

bg　作业号

**功能**

使指定作业号的后台暂停进程继续运行。

### 6. jobs 命令

**语法**

jobs

**功能**

显示当前控制台中的后台进程的状态。

**实例分析**

```
$ find / -name demo.c &>/dev/null &            # 以后台方式运行
[1]   3580
$ find / -name test.s –print 1>out1 2>out2 &   # 以后台方式运行
[2]   3581
$ find / -name *.c –print &>1 &                # 以后台方式运行
[3] 3582
$ fg %2                                         # 将作业 2 运行至前台
用 Ctrl+z 将作业 2 切换至暂停状态
$ jobs                                          # 列出当前作业
$ bg   %2                                       # 将作业 2 切换至后台继续运行
```

# 2.6   Linux 的备份与恢复

计算机系统面临各种可能造成数据丢失的危险，例如网络病毒、黑客攻击和设备故障等。有时，为了节省存储空间或减少数据传输时间，需要对暂时不用的数据进行压缩或备份。备份是将系统中的数据以某种形式转储至其他设备的技术。而恢复则是将备份的数据进行还原，使其还原为原有的状态。备份与恢复构成一对互逆的数据处理技术。从数据备份结构层次的角度，可分为面向文件的备份、面向文件系统的备份和面向设备的备份三个层次。

## 2.6.1   面向文件的备份与恢复

面向文件的备份与恢复是以文件或目录作为基本的单位，不考虑使用何种类型的文件系统和设备的方法。在备份与恢复过程中常采用归档和压缩技术。

**1. 归档**

归档是将多个文件或目录打包为一个目标文件的过程，该目标文件称为归档文件。这样，便于归档文件在网络上进行传输，便于对归档文件进行管理。

**2. 压缩**

压缩是通过某种算法将一批数据以更小体积存储的一种技术。有时，为了减少归档文件的体积，配合使用压缩软件，对归档文件进行压缩。这样，可减少归档文件在文件系统中占用的空间，也提高了传输效率。

下面介绍与面向文件的备份与恢复有关的命令及其使用方法。

**3. cpio 命令**

**语法**

cpio   [选项]   归档文件或设备文件

**功能**

复制输入输出命令，将文件归档至设备或归档文件，或从设备或归档文件中还原文件。与 tar 格式兼容，支持许多老式磁带格式。

| 选 项 | 含 义 |
|---|---|
| -v | 版本模式 |
| -B | 使用大块 |
| -C n | 使用块的大小，字节数 n |
| -O | 创建归档文件 |
| -I | 恢复归档文件 |
| -t | 列出内容列表 |
| -d | 必要时创建目录 |
| -U | 将较新的文件覆盖较旧的文件 |
| -m | 保留文件的修改时间 |

### 实例分析

$ find . -print | cpio -ovcB >/dev/fd0          # 归档当前目录至软盘中

$ cpio -itvcB </dev/fd0          # 查看软盘中归档文件列表

$ cpio -ivcdumB </dev/fd0          # 恢复软盘中的归档文件

$ find etc home -print | cpio -ovcB -O cpio1.cpio      # 归档目录 etc 和 home 至 cpip1.cpio

### 4．tar 命令

**语法**

tar [选项] 文件或目录

**功能**

将文件或目录归档至存储设备或文件，或将归档文件恢复至目录。

| 选 项 | 功 能 | 选 项 | 功 能 |
|---|---|---|---|
| -c | 建立新的归档文件 | -Z | 调用 compress 来处理归档文件 |
| -x | 从归档文件中解出文件 | -r | 向归档文件末尾追加文件 |
| -v | 处理过程中输出相关信息 | -O | 将文件解至标准输出 |
| -z | 调用 gzip 来处理归档文件 | -t | 查看归档文件中的文件 |
| -j | 调用 bzip2 来处理归档文件 | -f | 对普通文件操作 |

运用 tar 命令进行归档时，为减少归档文件的体积，常配合使用压缩软件，对归档文件进行压缩，通常归档过程中使用的算法可通过归档文件的后缀名加以区分。表 2-12 给出了后缀名的命名规则。

表 2-12                    归档文件后缀名的命名规则

| 后 缀 名 | 含 义 |
|---|---|
| .tar | 直接进行归档 tar cf |
| .gz | 使用 gzip 软件压缩 |
| .bz2 | 使用 bzip2 软件压缩 |
| .tar.gz | 归档后再用 gzip 软件压缩 |
| .tar.bz2 | 归档后再用 bzip2 软件压缩 |

### 实例分析

$ tar cf /dev/fd0 .          # 将当前目录下的所有文件归档至软盘

```
$ tar   cf   bak.tar   /home          # 归档目录/home 为 bak.tar
$ tar   czvf   tak.tar.gz   /home      # 将目录/home 归档，然后用 gzip 压缩
$ tar   xzvf   usr.tar.gz             #  先用 gzip 解压，然后还原归档文件
```

### 5. gzip 命令

**语法**

gzip [选项] 文件名

**功能**

GNU 的压缩程序，只对单个文件进行压缩。

| 选　　项 | 功　　能 |
| --- | --- |
| -c | 将压缩的资料输出到显示屏上 |
| -d | 解压缩 |
| -l | 检验一个压缩档的一致性 |

**实例分析**

```
$ gzip filename                    # 压缩后文件名变成 filename.gz
$ gzip -d filename.gz              # 解压缩文件 filename.gz
```

### 6. bzip2 命令

**语法**

bzip2   [选项] 文件名称

**功能**

压缩与解压缩工具

| 选　　项 | 功　　能 |
| --- | --- |
| -c | 将压缩的结果输出到显示屏上 |
| -d | 解压缩 |
| -z | 压缩 |

**实例分析**

```
$ bzip2   filename                 # 压缩后文件名变为 filename.bz2
$ bzip2   -d   filename.bz2         # 解压缩文件 ilename.bz
```

gzip 和 bzip2 都是采用了不同压缩算法的压缩工具。与 gzip 相比，bzip2 的压缩效率较高，但压缩速度较慢。在进行网络下载时，应尽量选择 bzip2 压缩的软件包，它占用较小的网络流量。

## 2.6.2　面向文件系统的备份

面向文件系统的备份需要考虑文件系统的结构，与文件系统的类型有关，但与使用何种设备无关。下面介绍面向文件系统常用的备份和恢复工具 dump 和 restore。

### 1. dump 命令

**语法**

dump   [选项]　文件　文件系统或目录

**功能**

备份文件系统。

| 选　　项 | 含　　义 |
|---|---|
| -[0-9] | 备份的层级 |
| -f | 指定备份的设备或文件 |
| -u | 在系统中记录备份文件系统的层级和时间等信息 |

**实例分析**

$ dump  -0u  -f back1.bak  /boot　　　　　# 将/boot 对应的文件系统备份至文件 back1.bak

$ dump  0f  /dev/nst0  /　　　　　　　# 备份根文件系统至设备 nst0

**2. restore 命令**

**语法**

restore [选项] 文件

**功能**

还原 dump 备份。

| 选　　项 | 含　　义 |
|---|---|
| -f | 从指定设备或文件中还原备份的数据 |
| -i | 使用交互方式，在还原过程中向用户提出咨询 |
| -r | 进行还原操作 |

**实例分析**

$ restore -irf  /dev/st0　　　　　　　# 从设备 st0 上还原文件系统

## 2.6.3　面向设备的备份与恢复

面向设备的备份是最低层次的备份形式，无论设备中的数据如何组织，都将整个设备或分区拷贝至其他设备。当需要恢复时，只需重新复制即可，这种备份方式与设备所用的文件系统无关，dd 是面向设备备份的常用工具。

dd 命令

**语法**

dd  [选项]

**功能**

直接设备存取，用指定大小的块复制一个文件，并在拷贝的同时进行指定的转换。

| 选　　项 | 含　　义 |
|---|---|
| of=file | 输出到文件 file，而不是标准输出 |
| if=file | 输入文件 file，file 不是标准输入 |
| bs=size | 设置读/写缓冲区的字节数 |
| count=n | 包含 n 个记录 |
| conv=ascii | 把 EBCDIC 码转换为 ASCII 码 |
| conv=ebcdic | 把 ASCII 码转换为 EBCDIC 码 |
| conv=ibm | 把 ASCII 码转换为 alternate EBCDIC 码 |
| skip=blocks | 从输入文件开头跳过 blocks 个块后再开始复制 |
| seek=blocks | 从输出文件开头跳过 blocks 个块后再开始复制 |

**实例分析**

$ dd　if=/dev/hda　of=/mnt/hda_backup.dd　　　　# 创建整个 IDE 磁盘的映像文件

$ dd　if=/dev/fd0　count=1　of=test　　　　# 仅从设备 fd0 上备份 1 块至文件 test

有时，可以使用 cp 命令备份整个块设备，示例如下。

$ cp　/dev/cdrom　/mydir/mycd.iso　　　　# 备份光盘映像文件

# 2.7　Linux 应用软件包管理

## 2.7.1　应用软件包的分类

建立一个 Linux 系统除了 Linux 内核，还需要安装人量的应用软件。应用软件通常不是一个可执行程序，而是由一组相关文件构成的集合。若以手工方式管理这些软件的安装与卸载，显然很不方便。为此，Linux 系统提供了软件包管理机制。软件包是由若干文件通过某种格式组织的文件，可借助工具对软件包进行自动安装、升级、卸载和查询。在 Linux 系统中，主要有两种类型的软件包。

**1. RPM（RedHat Package Management）**

RPM 是由 Red Hat 公司推出的软件包管理器，被 Fedora、Redhat、Mandriva 和 SuSE 等主流发行版本采用。RPM 包通常包含可执行文件和其他相关文件。RPM 包的命名方式为 packagename_version_arch.rpm，其各部分分别表示软件包名、版本号、运行平台和软件包扩展名。例如 bash-3.0-19.2.i386.rpm。

**2. APT（Advanced Package Tool ）**

APT 是 Debian 软件包管理工具，它很好地解决了软件包的依赖关系，方便软件的安装和升级。软件包的命名规则与 RPM 相同，只是后缀名为 deb。

## 2.7.2　RPM 软件包的管理

**1. rpm 命令**

**语法**

rpm　[选项]　软件包名或文件名

**功能**

RPM 软件包管理工具，负责安装、升级、查询和卸载 RPM 软件包。

| 选　　项 | 功　　能 | 选　　项 | 功　　能 |
|---|---|---|---|
| -i | 安装软件包 | -a | 查询所有已安装的软件包 |
| -q | 查询软件包 | -h | 显示安装进度 |
| -e | 卸载软件包 | --v | 验证软件包 |
| -u | 升级软件包 | l | 查询包中的文件列表 |
| -f | 查询包含有文件的软件包 | i | 查询详细信息 |
| -s | 显示包含有文件的软件包 | p | 查询软件包文件 |

**实例分析**

（1）安装软件包 vim-common-6.3.035-3.i386.rpm，显示安装进度。

$ rpm　-ivh　vim-common-6.3.035-3.i386.rpm

（2）查询系统中已安装的软件包 bash 的信息。

$ rpm　-qi　bash

（3）查询指定 RPM 软件包文件的信息。

$ rpm　-qpl　bash-3.0-19.2.i386.rpm

（4）删除已安装 RPM 软件包 vim-enhanced。

$ rpm　-e　vim-enhanced

（5）升级软件包。

$ rpm　-U　vim-enhanced-6.3.035-3.i386.rpm

**2.　应用软件包的安装**

应用软件包在 Linux 系统的安装位置遵从一定的规范，不同性质的文件所安装的位置不同，表 2-13 给出应用软件包的安装目录。

表 2-13　　　　　　　　　　　　　　　软件包的安装目录

| 文 件 类 型 | 安 装 目 录 |
| --- | --- |
| 普通执行程序文件 | /usr/bin |
| 服务器执行程序文件和管理程序文件 | /usr/sbin |
| 应用程序配置文件 | /etc |
| 应用程序文档文件 | /usr/share/doc |
| 应用程序手册文件 | /usr/share/man |

# 2.8　输入输出重定向和管道

## 2.8.1　标准输入输出文件的定义

在 Linux 系统中，每个在终端上运行的用户进程均由 Shell 创建，并从 Shell 处继承环境和资源等信息。其中，包括已打开的标准输入文件、标准输出文件和标准错误输出文件，简称标准输入、标准输出和标准错误输出，打开文件的描述符分别为 0、1 和 2。均对应于终端设备，终端设备的输入来自键盘，输出送至终端显示器。因此，进程接收标准输入时，默认从键盘获得数据，将标准输出和标准错误输出送至终端显示器。标准输入输出文件的定义如表 2-14 所示。

表 2-14　　　　　　　　　　　用户进程中默认打开的文件描述符

| 文　　件 | 文件描述符 | 默 认 设 备 |
| --- | --- | --- |
| 标准输入 | 0 | 键盘 |
| 标准输出 | 1 | 显示器 |
| 标准错误输出 | 2 | 显示器 |

## 2.8.2　输入输出重定向

有时，我们需要重新定义标准输入输出，例如欲从某个普通文件中接收输入数据，将标准输出或标准错误输出送至普通文件，则需要使用输入输出重定向。

### 1. 输入重定向

将与标准输入设备相关的默认设备（键盘）改变为另一个文件，这样进程可以从新的文件中输入数据，而不是从键盘。

**语法**

命令 <输入文件　或 命令 0<输入文件

**功能**

将键盘从标准输入中分离出来，并与输入文件关联，命令从输入文件中获取输入数据，而不是键盘。

**实例分析**

$ cat　< /etc/fstab                          # 显示文件/etc/fstab 的内容

### 2. 输出重定向

将与标准输出相关联的默认设备改变为另一文件，这样，进程就将标准输出结果输出至新文件，而不是终端显示屏。

**语法一**

命令 n>输出文件

**语法二**

命令 n>>输出文件

**功能**

将终端显示屏从标准输出中分离，并将输出文件与其关联，命令将输出结果输出到输出文件，而不是终端显示屏。表 2-15 给出各数字和符号代表的含义。

表 2-15　　　　　　　　　　　　输出重定向语法元素的定义

| 数字 n | 含　义 | 重 定 向 符 | 含　义 |
|---|---|---|---|
| 1 | 标准输出 | > | 将输出内容覆盖至重定向文件 |
| 2 | 标准错误输出 | >> | 将输出内容追加至重定向文件 |
| & | 标准输出和标准错误输出 | | |

**实例分析**

$ make 2>error                          # 将 make 产生的标准错误输出重定向至文件 error

$ ls /etc/ 1> error                     # 将标准输出重定向到文件 error

$ ls /etc/fstab　>> error               # 将标准输出追加到重定向文件 error

$ ls -l &> errfile                      # 将标准输出和标准错误输出重定向到文件 errfile

## 2.8.3　管道

管道是实现进程间通信的方法之一，它将两个进程的标准输入输出相连接，将一个进程的标准输出作为另一个进程的标准输入。根据使用管道的方法，管道可分为无名管道和命名管道。

### 1. 无名管道

无名管道是在内存中建立文件描述，而不是在文件系统中建立 i 节点。在使用完无名管道后，内存中的文件描述符将被自动释放。

**语法**

命令 1　|　命令 2 |...　[　命令 n]

**功能**

将命令 1 的标准输出作为命令 2 的标准输入，接着将命令 2 的标准输出作为命令 3 的标准输入，依次类推。

**实例分析**

```
$ cat file | grep 'pipe' | more                    # 分页显示文件 file 中包含 "pipe" 的所有行
```

### 2. 命名管道

命名管道通过在文件系统中建立特殊的命名管道文件，用户通过对命名管道文件的读写，实现进程通信。

mkfifo 命令

**语法**

mkfifo　[选项] 文件名

**功能**

创建命名管道文件。

选项 -m 表示文件的权限，与 chmod 相同。

**实例分析**

```
$ mkfifo  -m 644   myfifo              # 建立权限为 644 的命名管道文件 myfifo
$ mkfifo  -m g-w,o-rw  fifo            # 建立命名管道文件 fifo
$ mkfifo a=rw   demofifo              # 建立命名管道文件 demofifo，权限为 666
$ ls -l myfifo                        # 查看命名管道文件 demofifo 的属性
  prw-rw-rw-  1   tom   user   0 Nov 27 18:30   demofifo
$ cat   core.c  > demofifo &          # 向命名管道文件中写入 core.c
$ cat   < demofifo                    # 从命名管道文件 myfifo 中读取内容
```

# 2.9　元字符与正则表达式

## 2.9.1　元字符

元字符用于表达某些特定而非自身含义的特殊字符，它定义一种匹配字符的模式语言。元字符的定义与语言环境有关，在不同的 Shell 版本以及一些文本处理程序中对元字符的定义不尽相同。

### 1. 通配符

Shell 元字符也称为通配符，经常出现在 Shell 命令中，用于通配文件和目录，表 2-16 给出一些常用的元字符及其含义。

表 2-16                           常用 Shell 通配符的定义

| 元 字 符 | 含 义 |
|---|---|
| ? | 匹配任意一个字符 |
| * | 匹配任意数量的字符 |
| [abc] | 匹配方括号中的任意一个字符 |
| [a-z] | 匹配方括号中表示字符范围内的任意一个字符 |
| [!a-z] | 匹配除了方括号中表示范围内的字符 |

**实例分析**

$ ls [a-z]*                                 # 查找以字母 a 到 z 开头的所有文件

$ ls [!a-z]*                               # 查找不以字母 a 到 z 开头的所有文件

$ ls    *.c                                  # 查找后缀名为 c 的所有文件

**2. 屏蔽元字符的特殊含义**

有时，若需要在命令中使用元字符本身，不希望元字符表示其特殊的含义，下面介绍两种方法。

在包含元字符的字符串两边加单引号或双引号，关于引号的用法将在第 4 章详细介绍。

**实例分析**

$ ls "ab*cd"                              # 查找文件名为 "ab*cd" 的文件

在元字符前使用反斜杠 "\"。这样，紧接在反斜杠 "\" 后的元字符就失去了特殊的含义，仅表示元字符本身。

**实例分析**

$ ls    abc\*def                             # 查找文件 "abc*def"

## 2.9.2   正则表达式

正则表达式是一个字符模板，用在文本处理程序中，用于搜索匹配的字符。这些文本处理程序包括 ed，ex，vi，grep，egrep，sed 和 awk 等。下面介绍 grep 命令的使用方法。

grep 命令

grep 家族包括 grep、egrep 和 fgrep、grep 的功能是在文本文件中搜索匹配正则表达式的所有行。egrep 和 fgrep 与 grep 只有很细微的不同，egrep 是 grep 的扩展，支持更多的正则表达式元字符。fgrep 则是 fixed grep 或 fast grep，fgrep 中正则表达式中的元字符只代表其自身的含义，而不具有特殊的含义。下面介绍 grep 命令的使用方法。

grep 命令

**语法**

grep   [选项]   正则表达式   文本文件列表

**功能**

从文本文件中搜索匹配指定正则表达式的所有行。

grep 正则表达式支持的常用元字符如表 2-17 所示。

表 2-17　　　　　　　　　　　　　grep 命令正则表达式支持的常用元字符

| 元　字　符 | 匹　配　字　符 |
|---|---|
| ^ | 行首 |
| $ | 行尾 |
| \char | 转义后面的字符 |
| [^] | 不匹配方括号中的任意字符 |
| \< | 单词的开始 |
| \> | 单词的结尾 |
| ( ) or \( \) | 标记后面用到的匹配字符 |
| \| or \\| | 分组 |
| x\\{m\\} | 重复"x"字符 m 次 |
| x\\{m,\\} | 重复"x"字符至少 m 次 |
| x\\{m,n\\} | 重复"x"字符 m 次到 n 次 |
| . | 所有的单个字符 |

**实例分析**

1. 在文件 textfile 中搜索以字符 "n" 开头的所有行。

$ grep　'^n'　textfile

2. 在文件 textfile 中搜索以 ".00" 结尾的所有行。

$ grep　'\.00$'　textfile

3. 在文件 textfile 中搜索包含数字 5，后面紧接字符 "."，再后面是任意一个字符的所有行。

$ grep　'5\..'　textfile

4. 在文件 textfile 中搜索以字符 "w" 和 "y" 开始的所有行。

$ grep　'^[wy]'　textfile

5. 在文件 textfile 中搜索以字符 "." 后紧接两个非数字 0 结尾的所有行。

$ grep　'\.[^0][^0]$'　textfile

6. 在文件 textfile 中搜索包含至少 6 个连续数字，后面紧接着字符 "." 的所有行。

$ grep　'[0-9]\{6\}\.'　textfile

7.在文件 textfile 中搜索包含以单词 "north" 开始的所有行。

$ grep　'\<north'　textfile

# 第3章
# Linux 系统的定制

## 3.1 磁 盘 管 理

### 3.1.1 硬盘的物理结构

  磁盘由若干盘片组成，每个盘片的每个面都有一个读写磁头。如果有 $N$ 个盘片。就有 $2N$ 个面，对应 $2N$ 个磁头，按照 0、1、2⋯的顺序编号。每个盘片被划分成若干个同心圆磁道，每个盘片的划分规则通常相同。半径相同的所有盘片上的磁道构成柱面，从外至里从 0 开始编号，盘片上磁道又被划分为扇区，并按照一定规则编号。不同磁道上的扇区虽然半径不同，但是容量相同，扇区通常的容量为 512 字节。这样，磁盘容量的计算方法如下。

磁盘容量=磁头数×柱面数×每个磁道扇区数×每个扇区字节数

  在图 3-1 中，磁盘共由 3 个盘片组成，每个盘片上有 2 个磁头，每个盘片的两面都有 14 个磁道，所有盘片上相同半径的磁道构成一个柱面，共计 14 个柱面，每个磁道共分为 8 个扇区，每个扇区 512 字节。因此，磁盘的容量计算如下。

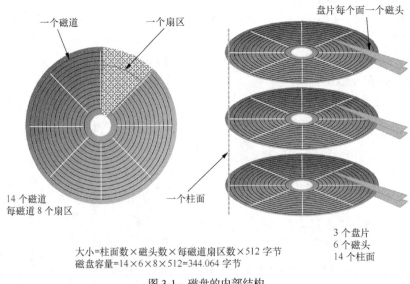

大小=柱面数×磁头数×每磁道扇区数×512 字节
磁盘容量=14×6×8×512=344.064 字节

图 3-1　磁盘的内部结构

磁盘容量=柱面数×磁头数×每磁道扇区数×给扇区字节数= 14 × 6 × 8 × 512 = 344 064（字节）

## 3.1.2　磁盘分区

磁盘分区与硬件体系结构有着密切的关系，在基于 x86 体系结构的计算机系统中，常采用主引导记录 MBR（Master Boot Record）来记录磁盘的分区信息。

### 1. 主引导记录

主引导记录有时也称主引导扇区，位于整个磁盘的 0 柱面 0 磁头 1 扇区，为了研究方便，将磁盘中的扇区按一定的次序排列，形成线性空间。主引导记录位于磁盘的第一个扇区。扇区的编号从 0 开始，因此主引导记录也称为 0 号扇区，主引导记录由 512 字节构成，其中，MBR 的前 446 字节用于存放引导程序，后 64 字节存放磁盘分区信息，每个分区占 16 字节，这 16 字节记录了该分区的起始扇区、分区大小和状态等信息；最后两个字节的值是 0x55aa，为有效结束标志。不难看出，磁盘最多只能有四个分区，显然，四个分区不能满足所有实际应用的需要，为此，将其中的一个分区作为扩展分区。扩展分区中再进一步分成若干个逻辑分区，这样，每个磁盘最多只能有四个主分区，或三个主分区加一个扩展分区，每个主分区中的第一个扇区用作引导扇区。每个分区可通过格式化建立某种类型的文件系统，不同分区的文件系统可以不同。

### 2. Linux 系统中分区的命名

在 Linux 系统中，磁盘设备和分区的命名有一定的规则，hd 代表 IDE 硬盘，sd 代表 SCSI 硬盘；同类型设备从字符 a 开始编号，a 代表第一个硬盘，b 代表第二个硬盘，依次类推。

主分区和扩展分区的编号从 1 到 4。例如第一个 IDE 硬盘的四个分区分别为：hda1,hda2,hda3 和 hda4，扩展分区中的逻辑分区从编号 5 开始，例如 hda 中的第一个逻辑分区为 hda5，第二个逻辑分区为 hda6。

### 3. Linux 系统中的分区

Linux 系统安装一般需要三个分区，第一个分区用于存放引导加载程序的信息和 Linux 内核的二进制映像。第二个分区作为 Linux 的根文件系统，用于存放各种工具和应用软件，例如 bash、gcc 和 vi 等。第三个分区作为交换分区，当可用的物理内存降到一定程度时，将暂时不用的物理页缓存至交换分区。

Linux 对分区没有特殊要求，主分区和逻辑分区均可作为 Linux 的系统分区，这和 Linux 使用的引导加载程序的特点有关。在 Linux 系统中，通常将 grub 作为引导加载程序，grub 具有较强的功能，支持多种文件系统，能识别主分区和逻辑分区，因此，可将内核存放在任意分区的文件系统中。但不是所有的操作系统都具有这样的特点，例如 Windows 系统至少需要一个主分区，因为 Windows 系统的启动加载程序比较简单，不能识别扩展分区中的逻辑分区，必须从主分区中加载操作系统内核。

图 3-2 以一块 SCSI 磁盘为例，通过实例介绍磁盘分区的概念。磁盘被分为三个主分区和一个扩展分区，它们分别是 sda1、sda2、sda3 和 sda4，分区信息保存在主引导记录中。其中，扩展分区 sda4 进一步划分出一个逻辑分区 sda5，分区 sda3 被格式化为 ext2 文件系统，sda1、sda2、sda3 和 sda5 都可以作为 Linux 的系统分区。

### 4. fdisk 命令

fdisk 是 Linux 系统中常用的磁盘分区工具，通过 fdisk 工具可在磁盘上创建、修改、查询和删除磁盘分区。

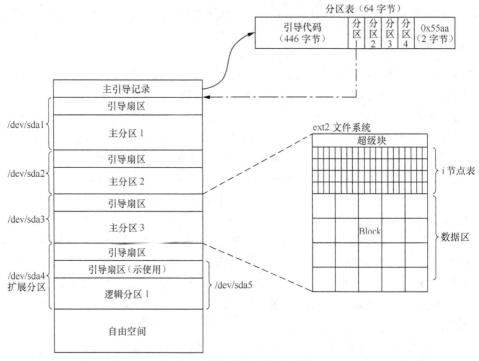

图 3-2　MBR 模式下的磁盘分区

### 语法

fdisk　[选项]　块设备文件

### 功能

在块设备上建立、修改和删除分区。

在使用 fdisk 对块设备进行分区时，可选择使用下列命令。

| 命　　令 | 含　　义 |
|---|---|
| n | 创建一个分区 |
| d | 删除一个分区 |
| q | 退出但不保存 |
| w | 保存退出 |
| p | 显示分区信息 |
| m | 显示帮助信息 |
| t | 改变分区的类型号码 |

### 实例分析

$ fdisk　　　　　　　　# 显示 fdisk 命令用法信息

$　fdisk -l　　　　　　# 显示系统中设备分区信息

Disk /dev/hda: 17.1 GB, 17179803648 bytes

255 heads, 63 sectors/track, 2088 cylinders

Units = cylinders of 16065 * 512 = 8225280 bytes

| Device | Boot | Start | End | Blocks | Id | System |
|---|---|---|---|---|---|---|
| /dev/hda1 | * | 1 | 13 | 104391 | 83 | Linux |

| /dev/hda2 | 14 | 2056 | 16410397+ | 83 | Linux | |
| /dev/hda3 | 2057 | 2088 | 257040 | 82 | Linux | swap |

### 5. 在 sdb 磁盘上建立分区

$ fdisk /dev/sdb

Device contains neither a valid DOS partition table, nor Sun, SGI or OSF disklabel

Building a new DOS disklabel.   Changes will remain in memory only,

until you decide to write them. After that, of course, the previous

content won't be recoverable.

Warning: invalid flag 0x0000 of partition table 4 will be corrected by w(rite)

Command (m for help):

Command (m for help): n

Command action

   e    extended

   p    primary partition (1-4)

e

Partition number (1-4): 1

First cylinder (1-261, default 1): 1

Last cylinder or +size or +sizeM or +sizeK (1-261, default 261): 50


Command (m for help): n

Command action

   l    logical (5 or over)

   p    primary partition (1-4)

l

First cylinder (1-50, default 1):

Using default value 1

Last cylinder or +size or +sizeM or +sizeK (1-50, default 50): 10

Command (m for help): p

Disk /dev/sdb: 2147 MB, 2147483648 bytes

255 heads, 63 sectors/track, 261 cylinders

Units = cylinders of 16065 * 512 = 8225280 bytes

| Device Boot | Start | | End | Blocks | Id | System |
| --- | --- | --- | --- | --- | --- | --- |
| /dev/sdb1 | | 1 | 50 | 401593+ | 5 | Extended |
| /dev/sdb5 | | 1 | 10 | 80262 | 83 | Linux |

上例中，在 sdb 磁盘上建立了一个扩展分区 sdb1，在 sdb1 上建立了一个逻辑分区 sdb5。

## 3.1.3   分区格式化

经过分区的磁盘在使用前，必须进行格式化，即在分区上建立文件系统。分区可选择所需类型的文件系统，不同类型文件系统的区别在于组织和管理文件的方式不同。Linux 内核支持多种文件系统，例如 ext2、fat 和 ufs 等。可使用 mkfs 工具对分区进行格式化。

### 1. mkfs 命令

**语法**

mkfs  [选项]  [设备名称]  [区块数]

**功能**

在块设备上建立某种类型的文件系统。

| 选　　项 | 含　　义 |
|---|---|
| -t | 选择文件系统类型 |
| -c | 检查设备中是否有坏块 |
| -v | 详细显示模式 |
| -N | 说明 i 节点的数量，适用于 ext2 |
| -m | 为超级用户预留的块数，默认 5%，适用于 ext2 |
| -L | 说明文件系统的卷标，适用丁 ext2 |

mkfs 是各种文件系统格式化集成工具，在/sbin/中存放了 mkfs 所支持的格式化文件系统模块。

$ ls /sbin/mkfs*　　　　　 # 显示当前 mkfs 所支持的文件系统格式

/sbin/mkfs　　　　　/sbin/mkfs.ext2　/sbin/mkfs.jfs　　/sbin/mkfs.reiserfs

/sbin/mkfs.cramfs　/sbin/mkfs.ext3　/sbin/mkfs.msdos　/sbin/mkfs.vfat

**实例分析**

（1）在/dev/hda5 上建一个 msdos 文件系统，检查是否有坏块，并将过程详细列出来。

$ mkfs -V -t msdos -c /dev/hda5

（2）将第 1 个 SCSI 设备扩展分区中的第 2 个逻辑分区格式化为 ext3 类型的文件系统

$ mkfs -t ext3 /dev/sda6

（3）将第 2 个 IDE 磁盘的第 5 个分区格式化为 ext2 类型的文件系统，定义 1000 个 i 节点，不预留空间给超级用户，卷标为 myfiles。

$ mkfs -t ext2 -m 0 -N 1000 -L myfiles /dev/hdb5

### 2. Linux 内核支持的文件系统

下面给出 Linux 系统支持的一些主要的文件系统类型

| 文件系统类型 | 特　　点 |
|---|---|
| ext2/ext3 | Linux 系统下的文件系统 |
| iso9660/cdfs | 标准 CDROM 文件系统 |
| vfat | 微软操作系统使用的文件系统格式 |
| Sysv | System V 文件系统 |
| NFS | Sun 公司推出的网络文件系统 |
| NTFS | 微软 Windows NT 的文件系统 |

### 3. 交换分区的格式化

交换分区是 Linux 系统用于缓存物理内存暂时不用的内容，可使用 mkswap 工具将一个分区格式化为 swap 交换区。

**实例分析**

$ mkswap /dev/sda6　　　　　 # 创建分区 sda6 为 swap 交换分区

$ swapon　/dev/sda6　　　　　 # 加载分区 sda6 至交换分区

$ swapoff   /dev/sda6          # 关闭交换分区 sda6

如果硬盘没有可用分区，也可以创建 swap 文件作为交换分区使用。

**实例分析**

在/tmp 目录中创建一个大小为 512MB 的 swap 文件 myswap。格式化为交换文件，并挂载至系统的交换区。

$ dd if=/dev/zero of=/tmp/myswap   bs=1024 count=524288   # 建立文件 myswap

$ mkswap /tmp/swap               # 将文件 myswap 格式化为交换文件

$ swapon /tmp/swap               # 挂载 myswap 至系统交换区

## 3.1.4   ext2 文件系统

ext2 是 Linux 系统默认的文件系统，支持 UNIX 文件系统的特征，例如目录、设备文件和链接文件等。从文件系统内部数据结构的角度，可将 ext2 分为超级块、i 节点表和数据区三个部分。

### 1. 超级块

超级块包含整个文件系统的布局信息和参数设置，例如逻辑块大小、i 节点表的区域、文件系统类型和卷标等。可使用 dumpe2fs 工具来查看文件系统的超级块信息。

$ dumpe2fs -h   /dev/sda2          # 查看分区/dev/sda2 中文件系统的超级块信息

### 2. i 节点表

i 节点表定义了文件系统中所有的 i 节点，i 节点用于存放文件的管理信息。例如文件类型、权限、大小、数据在数据区的分布信息等，但 i 节点中不包含文件名，文件名及其对应的 i 节点号以目录项的形式保存在目录文件中。

### 3. 数据区

数据区存放文件的内容，其基本单位为逻辑块。一个文件包含若干个逻辑块，这些逻辑块以编号的形式存放于文件所对应的 i 节点中，在读写文件时，根据读写指针的位置，可计算出当前数据所在的逻辑块。

图 3-3 是 ext2 文件系统的实例。图中，文件 demo.c 在 i 节点表中的编号为 102609，该 i 节点

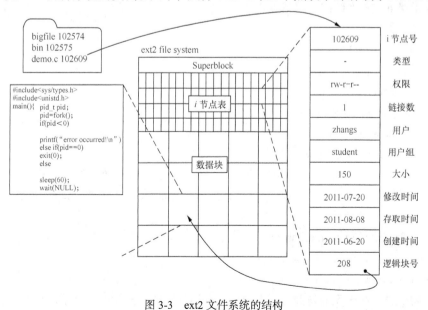

图 3-3   ext2 文件系统的结构

中存放了 demo.c 文件的属性，其中块号为 208 的数据块中存放了该文件的内容。使用 ls -il 命令显示 demo.c 文件的相关信息。

$ ls -il demo.c

102609 -rw-r--r-- 1 shangs    student 150 Jul 20    2011 demo.c

## 3.1.5　文件系统的挂载与卸载

在 Linux 系统中，文件系统在使用前，必须将文件系统挂载至某个目录。在 Linux 系统启动时，已将某些分区中的文件系统挂载至根目录，用户可直接访问这些文件系统。但是，对于一些未挂载的块设备，例如光盘和 U 盘等，在使用前必须挂载。为了便于管理，Linux 专门建立了目录/mnt，用于挂载文件系统。例如，可将光盘挂载至目录/mnt/cdrom，在成功挂载后，用户可在/mnt/cdrom 目录下访问光盘；当不再需要访问该光盘时，可直接卸载该目录。挂载和卸载文件系统的工具分别为 mount 和 umount。

mount 命令

**语法**

mount　[选项]　[设备文件]　[目录]

**功能**

将“设备文件”对应的文件系统挂载至“目录”。

| 选　　项 | 含　　义 |
| --- | --- |
| -t | 指定文件系统类型 |
| -w | 安装有读/写权限的文件系统 |
| -r | 安装只读文件系统 |
| -a | 安装/etc/fstab 中定义的文件系统 |

**实例分析**

（1）显示当前文件系统的挂载状况

$ mount

/dev/sda2 on / type ext3 (rw)

none on /proc type proc (rw)

/dev/sda1 on /boot type ext2 (rw)

none on /dev/pts type devpts (rw,gid=5,mode=620)

/dev/sda5 on /home type ext3 (rw)

none on /dev/shm type tmpfs (rw)

上述显示的是当前系统正在使用的文件系统。除了根文件系统外，其他所有文件系统都挂载在根文件系统的某个子目录下，形成一棵目录树，/etc/fstab 文件定义了 Linux 系统在启动时应挂载的文件系统。

（2）将光盘挂载至目录/mnt/cdrom

$ mount -t iso9660 /dev/cdrom /mnt/cdrom/

$ mount /dev/cdrom　/mnt/cdrom

在不指定文件系统类型的情况下，系统将自动匹配内核所支持的文件系统类型。若找到匹配的文件系统类型，则成功挂载，否则失败。

（3）将软盘挂载至目录/mnt/floppy

$ mount /dev/fd0 /mnt/floppy

（4）将 USB 设备挂载至目录/mnt/usb

$ mount /dev/sdb1 /mnt/usb

在挂载 USB 设备时，应先通过命令 fdisk –l 查看当前 USB 设备对应的设备名。

（5）将第 1 个 SCSI 磁盘扩展分区的第 2 个逻辑分区（第 6 个分区）挂载至/mnt 目录

$ mount /dev/sda6 /mnt

系统提供的 loop 设备可用于映像文件的挂载，将映像文件挂载到文件系统时需要使用-o 参数和 loop 设备，通常映像文件只能以只读的方式挂载，其语法结构如下。

 mount fs  img mnt_dir -t fstype -o loop=loop_dev

（6）使用 mount 命令挂载光盘镜像文件

$ mount -o loop -t iso9660 mydoc.iso /media/cdrom/

loop_dev 为/dev/目录下的 loop0～loop15，在实际运用时，一般只使用 loop 参数，不指定具体的 loop 设备，mount 将自动查找一个可供使用的空闲设备。

在实际操作中，直接挂载一个 Windows 分区，中文的文件名和目录名会出现乱码，为了避免这种情况，可指定字符集。

（7）挂载 fat32 的分区

$ mount -t vfat -o codepage=936,iocharset=cp936   /dev/hda6 /mnt/d   # cp936 代表简体中文

（8）挂载 ntfs 的分区

$ mount -t ntfs -o iocharset=cp936 /dev/hda2 /mnt/c   # cp936 为简体中文，cp950 为繁体中文

umount 命令

**语法**

umount   <挂载点|设备>

**功能**

断开设备与挂载点目录的链接。

**实例分析**

$ umount /dev/cdrom                  # 卸载光盘

$ umount /mnt/cdrom                  # 卸载光盘，若/mnt/cdrom 为光盘的挂载点

$ umount /dev/floppy                 # 卸载软盘

$ umount /dev/usb#卸载 USB 盘

在卸载某文件系统前，如果有用户正在使用该文件系统，则必须等所有用户结束了对该文件系统的访问后，该文件系统才能被成功卸载。

# 3.2  引导加载程序 grub

## 3.2.1  引导加载的概念

引导加载程序的功能是引导和加载。Linux 系统加电后，系统将控制权交给引导加载程序，

引导系统完成一系列初始化工作，例如获得内核所需的参数等；接着，加载 Linux 内核至内存的适当位置，将控制权交给内核，并向内核传送必要的参数，至此引导加载程序的任务完成。

对于大多数 Linux 发行版，通常将 Linux 内核安装在独立分区的文件系统中，有时将 Linux 内核存放于远程设备中，以便于开发人员对内核进行修改和调试。为了完成对内核的正确引导和加载，引导加载程序必须支持文件系统和网络协议，因此引导加载程序具有一定的复杂性。

## 3.2.2 引导加载程序 grub

在 Linux 系统中，有多种引导加载程序，例如 LiLo（Linux Loader）和 grub 等。目前，grub 被 Linux 系统普遍采用。

grub（Grand Unified Bootloader）是一个基于 GNU 项目的自由软件，可用于引导多种操作系统，例如 Linux、FreeBSD 和 Windows 等。它提供基于命令行的操作接口，用户可通过命令与 grub 进行交互。同时，grub 也提供了启动配置文件，用户可根据需要对配置文件进行修改，grub 在启动时，将根据配置文件的要求，完成对操作系统的加载。

### 1. grub 的组成

grub 通常用作基于 x86 结构计算机的引导加载程序，功能强大，使加载过程变得非常方便。例如，可直接从 fat、ext2 和 ReiserFS 等文件系统中读取 Linux 内核；grub 有一个交互式控制台，用户可手工选择引导分区，手工引导内核。因此，grub 采用了模块化设计。在实现时，出于 x86 体系结构的考虑，将 grub 分为 stage1、stage1.5 和 stage2 三个部分。

（1）stage1

stage1 的大小为 512 字节，位于 MBR 或者分区的启动扇区。stage1 的功能是引导 grub 的其他模块，当 stage1.5 被配置时，stage1 将加载 stage1.5，否则如果没有配置 stage1.5，stage1 则加载 stage2。

（2）stage1.5

由于 stage1 只有不到 512 字节，因此无法识别文件系统。stage1.5 的任务就是从文件系统中加载 stage2，为了支持多种文件系统，stage1.5 被设计为针对不同文件系统的模块，例如 e2fs_stage1_5、fat_stage1_5 等。若 stage1.5 被配置，stage1 首先将 stage1.5 的第一个扇区（start.S）读入内存，依靠 start.s 的扇区列表将 stage1.5 全部读入内存，然后 stage1.5 从文件系统中将 stage2 加载进内存。

（3）stage2

stage2 是 grub 的主体，所有功能都在 stage2 中实现，如果没有配置 stage1.5，stage1 会将 stage2 的第一个扇区（start.S）读入内存，然后依靠扇区列表将 stage2 全部读入内存。

### 2. grub 中磁盘分区的命名

磁盘分区在 grub 中的命名方式与 Linux 系统不同，grub 不区分 SCSI 和 IDE 设备，都命名为 hd。但是，磁盘和磁盘分区的编号从 0 开始，这一点与 Linux 系统不同，例如，（hd0）表示第 1 个磁盘，（hd1,0）表示第 2 个磁盘的第 1 个分区。

### 3. 安装 grub

在磁盘上可同时装有多个操作系统，例如 Linux 系统和 Windows 系统，但不同的安装次序会影响系统的正常启动。例如，先安装 Linux 后，若需在其他分区安装 Windows 系统，必须至少留有一个主分区，在安装完 Windows 系统后，会发现 Linux 系统无法正常启动，其主要原因是

Windows 修改了原先由 Linux 系统安装的 grub MBR，Windows 的主引导记录不具有引导多操作系统的能力，因此，必须进行恢复。下面介绍 3 种方法。

（1）假设使用 hda 为系统磁盘，事先已经将 hda 上的 grub MBR 备份为 mbr 文件，可使用下面命令进行恢复。

```
$ dd if=mbr of=/dev/sda bs=1 count=446
```

（2）重新安装 grub MBR，假设 stage1 和 stage2 已存放在硬盘第二个分区的/grub 目录中。

```
grub > root (hd0,1)              # 挂载第一个硬盘的第二个分区
grub > setup (hd0)              # 安装 grub 的 MBR
grub > quit
```

（3）假设 stage1 和 stage2 已存放在硬盘第二个分区的/grub 目录中，可将 grub 的 MBR 安装在该分区的引导记录上。

```
grub > root (hd0,1)
grub > setup (hd0,1)
grub > quit
```

若需判断磁盘主引导记录或某分区的引导记录上是否安装了引导程序，可通过 xxd 工具进行分析，例如观察/dev/hda1 分区上是否安装有引导程序，可通过下列命令。

```
$ xxd /dev/hda1 | more            # 以 BCD 码的形式显示文件的内容
```

**4．制作启动软盘**

Linux 系统在运行过程中，由于各种原因，可能出现系统无法正常启动。为使出现故障的系统能正常启动，以便进行故障修复，事先可制作启动软盘，以作不时之需，下面介绍两种制作启动软盘的方法。

**方法 1**

```
$ cd /usr/share/grub/i386-redhat      # 进入系统引导程序备份目录
$ cat stage1 stage2 > /dev/fd0        # 依次将引导文件 stage1 和 stage2 写入软盘
```

**方法 2**

```
$ mke2fs /dev/fd0                 # 采用 ext2 文件系统格式化软盘
 $ mount /dev/fd0 /mnt            # 挂载软盘至目录/mnt
 $ cd /mnt                        # 进入目录/mnt
 $ mkdir grub                     # 创建目录 grub
 $ cp /boot/grub/stage1 /mnt/grub # 复制 stage1 文件至目录 grub
 $ cp /boot/grub/stage2 /mnt/grub # 复制 stage2 文件至目录 grub
 $ cp /boot/grub/grub.conf /mnt/grub # 复制引导配置文件 grub.conf 至目录 grub
$   grub                          # 启动 grub 程序
grub> root (fd0)                  # 挂载软盘
grub> setup (fd0)                 # 建立 grub 引导环境
grub> quit                        # 退出 grub
```

## 3.2.3　grub 交互命令

grub 提供了基于命令行的用户交互接口，用户可以通过输入相关命令实现内核的加载，下面给出 grub 常用的一些命令。

| 命　令 | 含　义 |
|---|---|
| default | 设置自动启动时的默认启动项 |
| timeout | 设置超时记数，在设定时间内无键盘操作则自动启动 default 项 |
| title | 设定启动项标题 |
| splashimage | 指定在 grub 引导时所使用的屏幕图像的位置 |
| root (hdx,y) | 挂载第 x+1 个硬盘的第 y+1 个分区的文件系统 |
| rootnoverify | 做 root 命令同样的事情，只是不挂载分区 |
| kernel | 指定内核文件及启动参数，以此来加载内核 |
| intrid | 加载映像文件 |
| makeactive | 设置根分区为活动分区 |
| chainloader | 以链式方式加载指定分区的引导程序，+1 表示第一个扇区 |

**实例分析**

假设系统中有一 SCSI 硬盘，其上建有三个主分区和一个扩展分区，分别是：sda1、sda2、sda3 和 sda4，在 sda4 上建立一个逻辑分区 sda5。sda1 分区安装有 DOS 操作系统，该分区的文件系统类型为 fat32。sda2、sda3 和 sda5 上安装有 Linux 系统，其中，sda2 用于存放 Linux 内核映像和 grub 等与启动相关的文件，sda5 分区用作根文件系统，存放 bash、gcc 和 glibc 等工具和应用软件，sda2 和 sda5 分区的文件系统类型为 ext2，sda3 分区用作交换分区。grub 通过读取配置文件 grub.conf 中的信息引导系统，为了使 grub 能识别并引导 DOS 和 Linux 系统，grub.conf 的内容如脚本 3-1 所示。

脚本 3-1　grub 启动配置文件/boot/grub/grub.conf

```
default=0
timeout=5
splashimage=(hd0,1)/grub/splash.xpm.gz
hiddenmenu
title Fedora (2.6.25-14.fc9.i686)
    # 第 2 个主分区
    root (hd0,1)
    # sda5 为根文件系统
    kernel /vmlinuz-2.6.25_i686 ro root=/dev/sda5
    initrd /initrd-2.6.25-i686.img
title DOS
    # 第 1 个主分区
    rootnoverify (hd0,0)
    chainloader +1
```

## 3.2.4　grub 的启动过程

在计算机加电后，首先运行 BIOS，在 BIOS 完成系统检测后，进入引导盘。假设引导盘为硬盘，BIOS 将首先加载并运行硬盘上的主引导记录，由 MBR 进入系统的引导过程，引导过程如图 3-4 所示。

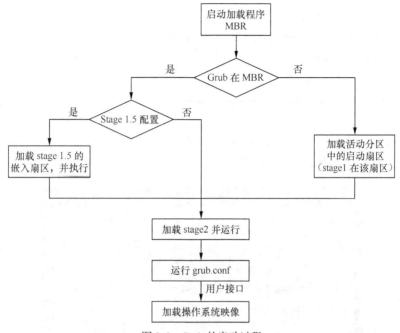

图 3-4　Grub 的启动过程

首先根据 MBR 的类型决定下一步的行为，如果安装的是 grub MBR，则判断 stage1.5 是否配置，如果配置，则加载并运行 stage1.5，由 stage1.5 从特定文件系统中加载 stage2。如果 stage1.5 没有配置，则直接加载并运行 stage2，在 stag2 取得控制权后，根据配置文件 grub.conf 的内容，显示用户选择启动菜单，在用户完成选择启动目标后，grub 加载指定的目标操作系统，例如 Linux 系统。如果主引导记录不是 grub MBR，例如安装了 Windows 的 MBR，则加载并运行活动分区中的引导扇区；如果在活动分区中安装了 grub，则由 grub 完成引导。

# 3.3　Linux 内核定制

## 3.3.1　Linux 内核

Linux 内核是 Linux 操作系统的核心，它实现了操作系统的核心功能，内核负责对系统中的软硬件资源实行统一管理，例如进程管理、内存管理、设备管理、文件管理和网络协议等，应用程序通过应用编程接口实现对内核资源的访问。

Linux 内核经过不断发展与完善，到目前为止，已到 3.0 版本，它支持多种硬件体系结构、提供大量的设备驱动程序、支持多种网络协议和文件系统。Linux 内核的设计采用基于模块的体系结构，提供了内核配置语言，用户可根据自身应用的特点，进行个性化定制，将必要的模块编译进内核，将不经常使用的部分以模块的方式独立编译，需要时，可进行动态加载，而对不用的模块不进行编译。这样，既节省了内核占用的内存资源，也节省了内核编译的时间。

### 3.3.2 定制 Linux 内核

Linux 内核可以从 http://www.kernel.org 上获得，下面我们以 Linux-2.6.10 为例，介绍如何定制 Linux 内核。具体操作步骤如下。

1，从 http://www.kernel.org 上下载 Linux-2.6.10.tar.gz

**2. 解压缩 linux-2.6.10.tar.gz**

$ tar    zxvf linux-2.6.10.tar.gz

**3. 配置 Linux 内核，根据需要选择所需的模块**

$ make menuconfig            # 配置 Linux 内核

输入上述命令后，系统会出现如图 3-5 所示的界面，用于可进入不同菜单进行配置。定制 Linux 内核时，[*]表示将模块编译进内核，[ ]表示不编译模块，[m]表示以模块的形式编译。

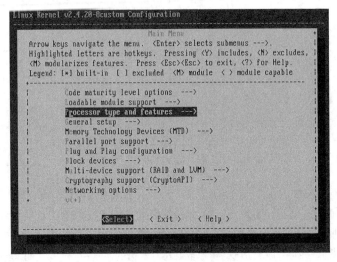

图 3-5　Linux 内核配置

**4. 编译内核映像**

$ make bzImage

**5. 编译模块**

$ make modules

**6. 安装内核模块**

$ make modules_install

**7. 安装内核**

$ make install

# 3.4　Linux 应用环境的初始化

## 3.4.1　引导配置文件 inittab

Linux 内核完成初始化后，加载初始化进程 init。init 的进程号是 1，它是系统中所有用户进程的祖先。init 的功能是读取配置文件/etc/inittab，根据该配置文件的要求逐步完成用户环境的初始化。inittab 脚本的内容定义遵从下列语法规则。

## 1. inittab 的语法结构

**语法**

label:runlevels:action:process

**语义**

（1）label

label 用来标识输入的值。一些系统只支持 2 个字符的标签。

| label | 含　义 |
|---|---|
| id | 用来定义缺省的 init 运行的级别 |
| si | 是系统初始化的进程 |
| ln | 其中的 n 取值 1～6,指明该进程可以使用的 runlevel 的级别 |
| ud | 是升级进程 |
| ca | 指明当按下 Ctrl+Alt+Del 时运行的进程 |
| pf | 指明当 UPS 表明断电时运行的进程 |
| pr | 在系统真正关闭之前，UPS 发出电源恢复的信号时需要运行的进程 |
| x | 将系统转入 X 终端时需要运行的进程 |

（2）runlevels

定义了进行何种处理，系统共定义了 7 种运行级别，每种运行级别对应一组命令集合，定义哪些命令运行，下面给出系统定义的 7 种运行级别。

| 级　　别 | 脚 本 文 件 | 描　　述 |
|---|---|---|
| 0 | /etc/rc.d/rc0.d | 结束所有进程，关闭虚拟内存，卸载所有文件系统 |
| 1 | /etc/rc.d/rc1.d | 单用户模式，供管理员维护系统时使用 |
| 2 | /etc/rc.d/rc2.d | 多用户模式，支持网络 |
| 3 | /etc/rc.d/rc3.d | 缺省模式，多用户,支持 NFS |
| 4 | /etc/rc.d/rc4.d | 未定义 |
| 5 | /etc/rc.d/rc5.d | 缺省模式，多用户，支持网络和 X-Window |
| 6 | /etc/rc.d/rc6.d | 重新启动计算机 |

（3）action

描述了所要采取的动作。

| 动　　作 | 含　义 |
|---|---|
| respawn | 不管何时终止都重新启动进程 |
| wait | 一旦运行级别被说明，进程开始运行，init 等待其运行结束 |
| once | 一旦输入了运行级别，进程开始执行 |
| boot | 在系统启动时，进程执行，忽略运行级别 |
| bootwait | 在系统启动时，进程执行，忽略运行级别，等待其运行结束 |

| 动　作 | 含　义 |
|---|---|
| off | 不做任何事情 |
| ondemand | 当系统指定特定的运行级别 A、B、C 时运行 |
| initdefault | 说明系统的运行级别，若忽略，系统将提示处理项被忽略 |
| sysinit | 系统启动时，进程执行，忽略运行级别 |
| powerwait | init 收到 SIGPWR 信号，进程执行 |
| powerfail | init 收到 SIGPWR 信号，进程执行，init 将等待 |
| powerokwait | init 收到 SIGPWR 信号，进程执行，init 将不等待 |
| powerokwait | 当收到 SIGPWD 信号且/etc/文件中的电源状态包含 OK 时运行 |
| ctrlaltdel | 在 init 进程收到 SIGINT 信号后，进程运行 |
| kbrequest | 当 init 从键盘中收到信号时运行 |

（4）process

定义了具体的执行程序。

**实例分析**

下面通过对一个 Linux 启动脚本文件的分析，说明 Linux 系统的启动过程，如脚本 3-2 所示。

脚本 3-2　　/etc/inittab 脚本文件

1）**id:3:initdefault:**

　　**# System initialization.**

2）**si::sysinit:/etc/rc.d/rc.sysinit**

3）**l0:0:wait:/etc/rc.d/rc 0**

4）**l1:1:wait:/etc/rc.d/rc 1**

5）**l2:2:wait:/etc/rc.d/rc 2**

6）**l3:3:wait:/etc/rc.d/rc 3**

7）**l4:4:wait:/etc/rc.d/rc 4**

8）**l5:5:wait:/etc/rc.d/rc 5**

9）**l6:6:wait:/etc/rc.d/rc 6**

　　**# Things to run in every runlevel.**

10）**ud::once:/sbin/update**

　　　**# Trap CTRL-ALT-DELETE**

11）**ca::ctrlaltdel:/sbin/shutdown -t3 -r now**

　　**# When our UPS tells us power has failed, assume we have a few minutes**

　　**# of power left.　Schedule a shutdown for 2 minutes from now.**

　　**# This does, of course, assume you have powerd installed and your**

　　**# UPS connected and working correctly.**

12）**pf::powerfail:/sbin/shutdown -f -h +2 "Power Failure; System Shutting Down"**

　　**# If power was restored before the shutdown kicked in, cancel it.**

13）**pr:12345:powerokwait:/sbin/shutdown -c "Power Restored; Shutdown Cancelled"**

　　**# Run gettys in standard runlevels**

14）**1:2345:respawn:/sbin/mingetty tty1**

15）**2:2345:respawn:/sbin/mingetty tty2**

16）**3:2345:respawn:/sbin/mingetty tty3**

17）**4:2345:respawn:/sbin/mingetty tty4**

18）**5:2345:respawn:/sbin/mingetty tty5**

19）**6:2345:respawn:/sbin/mingetty tty6**

**# Run xdm in runlevel 5**

**# xdm is now a separate service**

20）**x:5:respawn:/etc/X11/prefdm -nodaemon**

在上述脚本中，第 1 行 "id" 的含义是系统默认的运行级别。第 2 行告诉 init 在系统启动时，在运行其他进程前，执行程序 "/etc/rc.d/rc.sysinit"。第 3～9 行告诉 init 按照运行级别 0～6 执行程序 "/etc/rc.d/rc"。第 10 行中的程序 "/sbin/update" 无论何种运行级别都将运行一次。第 11 行表示当用户在键盘上按下 "Ctrl-Alt-Del" 键后，执行程序 "/sbin/shutdown"。第 12 行定义了在电源失败的情况下，将执行程序 "/sbin/shutdown"。第 13 行定义了在电源恢复后，将执行程序 "/sbin/shutdown"，第 14～19 行为运行级别 2～5 定义了 6 个终端。

**2．rc.sysinit 脚本**

rc.sysinit 脚本的主要功能是：配置网络、设置主机名、检查根文件系统、给组和用户分配磁盘配额，挂载非根文件系统、激活交换分区加载模块等。rc.sysinit 的代码量较大，但结构并不复杂。

## 3.4.2　用户登录

从以上的分析不难看出，init 进程根据 inittab 脚本文件中的定义，根据运行级别运行相应的脚本后，运行程序 mingetty，mingetty 继而调用 login 对用户登录信息进行验证，登录过程如图 3-6 所示。

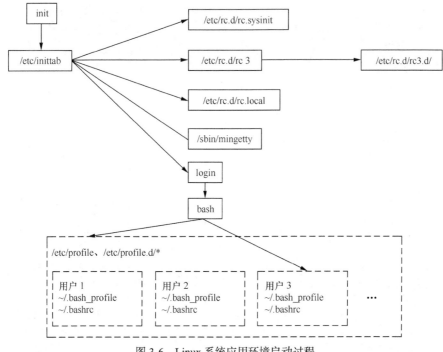

图 3-6　Linux 系统应用环境启动过程

用户输入用户名和密码，经 login 验证后，根据用户的配置信息启动相应的 Shell，通常选择 bash。bash 运行时，首先执行配置文件，配置文件可以分为两来，一类和用户无关，所有用户都必须运行，它们分别是/etc/profile、/etc/profile.d/*，另一类和用户有关，对应用户工作目录中的～/.bash_profile、～/.bashrc 和/etc/bashrc。这样，可根据不同的用户进行定制。

# 第二部分
# Shell 程序设计

# 第4章
# Shell 程序设计

## 4.1　Shell 概述

Shell 的概念源自 UNIX 的命令解释器。Shell 不仅可解释用户输入的命令，同时，可解释执行基于命令的脚本语言。用户可将多个命令按语法规则写在文本文件中，该文本文件通常称为 Shell 脚本，由 Shell 对 Shell 脚本逐行解释执行。Shell 脚本语言与 C 和 Java 等语言不同，Shell 脚本无需编译和链接，直接由 Shell 解释执行；同时，Shell 在启动过程中，通过参数的设置，为用户提供了个性化的工作环境，例如为用户设置环境变量、工作目录和权限掩码等。

### 1. Shell 的分类

常用的 Shell 版本有 Bourne Shell（简称 sh）、C Shell（简称 csh）、Korn Shell（简称 ksh）和 Bourne Again Shell（简称 bash）。

（1）sh

Bourne Shell 由 AT&T Bell 实验室的 Steven Bourne 为 AT&T UNIX 开发，它是 UNIX 的默认 Shell，也是其他 Shell 的开发基础。Bourne Shell 在编程方面相当优秀，但在处理与用户的交互方面不如其他几种 Shell。

（2）csh

C Shell 由美国加州伯克利大学的 Bill Joy 为 BSD UNIX 开发，其语法与 C 语言很类似。并提供了 Bourne Shell 不能处理的用户交互功能，例如命令补全、命令别名、历史命令替换等。但是 C Shell 与 Bourne Shell 并不兼容。

（3）ksh

Korn　Shell 由 AT&T Bell 实验室的 David Korn 开发，它继承了 C Shell 和 Bourne Shell 的优点，并与 Bourne Shell 向下完全兼容。Korn Shell 的效率较高，其命令交互界面和编程交互界面也较好。

（4）bash

Bash( GNU Bourne Again Shell )是 GNU 项目的一部分。bash 是 GNU/Linux 系统的标准 Shell，支持 IEEE POSIX 1003.2 标准。bash 不但与 Bourne Shell 兼容，还继承了 C Shell, Korn Shell 的优点。目前，被大多数 Linux 发行系统作为缺省的登录 Shell。

### 2. Linux 系统中的 Shell

在 Linux 系统中，往往存在多种版本的 Shell，用户可根据自己的习惯和爱好进行选择，表 4-1

给出这些 Shell 的名称及其所在的目录。

表 4-1　　　　　　　　　Linux 系统中各 Shell 版本及其所在的目录

| Shell 名称 | 描　　　述 | 位　　置 |
|---|---|---|
| ash | 一个小的 Shell | /bin/ash |
| ash.static | 一个不依靠软件库的 ash 版本 | /bin/ash.static |
| bsh | ash 的一个符号链接 | /bin/bsh |
| bash | Bourne Again Shell，来自 GNU 项目 | /bin/bash |
| sh | bash 的一个符号链接 | /bin/sh |
| csh | C Shell, tcsh 的一个符号链接 | /bin/csh |
| tcsh | 和 csh 兼容的 Shell | /bin/tcsh |
| ksh | Korn Shell | /bin/ksh |

# 4.2　Shell 脚本的定义与执行

### 1. Shell 脚本

Shell 脚本是由命令、Shell 变量和控制语句等语法元素构成的文本文件。Shell 对脚本中的内容逐行分析，并加以解释和执行。下面给出一个简单的 Shell 脚本，如脚本 4-1 所示。

脚本 4-1　一个简单 Shell 脚本

```
#!/bin/bash
# script4-1.sht
var1="welcome to use Shell script"
echo $var1
pwd
ls   -i
```

在脚本 4-1 中，第 1 行以 "#!" 开始，具有特定的含义，说明选用何种 Shell 版本作为该脚本的解释器，这里选用/bin/bash；第 2 行以 "#" 开始，表示该行为注释，不参与执行；第 3 行定义变量 var1；第 4 行显示变量 var1 的值；第 5～6 行是 Shell 命令。

### 2. Shell 脚本的执行方法

下面介绍两种执行 Shell 脚本文件的方法，假设 Shell 脚本文件为 demo.sh。

（1）添加可执行权

由于 Shell 脚本是文本文件，在编辑保存后默认不具有可执行的权限。因此，为了和命令一样能直接运行，必须赋予执行权，具体操作过程如下。

```
$ chmod u+x demo.sh      # 给 demo.sh 增加可执行权
$ ./demo.sh              # 直接运行
```

（2）指定 Shell 命令

在没有给 Shell 脚本赋执行权的情况下，可显式指定 Shell 命令。

```
$ bash demo.sh           # 指定由 bash 解释执行
```

### 3. Shell 脚本的解析过程

在执行 Shell 脚本时，Shell 解释执行 Shell 脚本文件的过程如图 4-1 所示。Shell 解析器从脚本文件中从头至尾逐行取出每一条命令，先对每一条命令进行语法检查，判断其合法性，在合法的情况下，根据命令的类型分别进行处理。若命令为内部命令，则调用 Shell 解析器中相关的函数进行处理；若为外部命令，Shell 解析器创建一子进程，并在子进程中加载外部命令对应的可执行文件，并加以执行。无论何种类型的命令，在完成执行后，Shell 取下一条命令，重复上述过程，直至脚本文件结束。

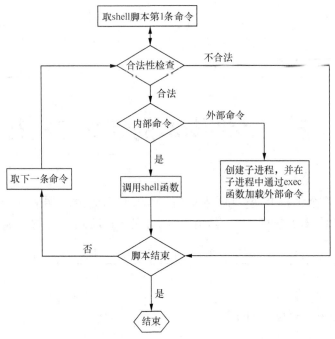

图 4-1　shell 脚本的执行过程

# 4.3　Shell 变量

## 4.3.1　Shell 变量的分类

根据 Shell 变量的特点，Shell 变量可分为用户自定义变量、环境变量、位置变量和预定义变量。其中，用户自定义变量、位置变量和预定义变量为局部变量，环境变量为全局变量，局部变量仅在创建它的 Shell 脚本中有效，而环境变量的作用范围为创建它的进程以及所有子进程。所有的 Shell 变量都不定义数据类型，变量的数据类型由参与运算的操作符决定。

### 1. 用户自定义变量

（1）变量命名

变量名必须以字符或下划线开始，其余部分可为字母、数字或下划线。

**语法**

变量名=变量值

**语义**

将"变量值"赋给变量"变量名"。

（2）变量的引用

$变量名

（3）清除变量的内容

unset　变量名

（4）查看变量的值

set

**实例分析**

| | |
|---|---|
| $ var1=123 | # 给变量 var1 赋值 123 |
| $ str1="welcome to bash" | # 给变量赋值"welcome to bash" |
| $ unset　str1 | # 清除变量 str1 的值 |
| $ set | # 显示所有变量的值 |

### 2. 环境变量

环境变量又称全局变量，通常由系统在启动时设置。环境变量一般用大写字母表示，通过 env 命令可查看系统中定义的环境变量。用户自定义变量可通过命令 export 输出为环境变量，环境变量的引用与用户自定义变量相同。

（1）输出用户自定义变量为环境变量

**语法**

export　用户自定义变量

**语义**

将"用户自定义变量"输出为环境变量。

**实例分析**

| | |
|---|---|
| $ x="hello welcome " | # 定义变量 x，并赋值"hello welcome" |
| $ bash | # 创建子 bash |
| $ echo　$x | # 变量 x 未定义 |
| $ exit | # 退出子 bash |
| $ export　x | # 将变量 x 输出为环境变量 |
| $ bash | # 重新创建子 bash |
| $ echo　$x | # 显示环境变量 x 的值，值为"hello welcome" |
| $ x="Linux" | # 定义同名局部变量 x，并赋值为"Linux" |
| $ echo　$x | # 显示局部变量的值，输出为"Linux" |
| $ exit | # 退出子 bash |
| $ echo　$x | # 显示环境变量 x，输出为"hello welcome" |

（2）Linux 系统中的环境变量

Linux 系统中的环境变量较多，用户可根据实际要求进行补充定义。因此，对不同的系统和用户所拥有的环境变量往往不同。下面仅给出一些常用的环境变量

| 环境变量名 | 含　义 |
|---|---|
| HOME | 当前用户的主目录 |
| PATH | 命令搜索路径 |
| LOGNAME | 用户登录名 |
| PS1 | 第一命令提示符 |
| PS2 | 第二命令提示符，默认是> |
| PWD | 用户的当前目录 |
| UID | 当前用户标识符 |

① PATH

环境变量 PATH 的值是由冒号分隔的目录路径名。当 Shell 在执行外部命令时，Shell 将按 PATH 变量中给出的顺序搜索这些目录，执行与命令名匹配的第一个可执行文件。

② PS1

环境变量 PS1，用于设置命令提示符，下面给出一些有特定含义的字符及其定义

| 提　示　符 | 含　义 |
|---|---|
| \w | 当前工作目录 |
| \h | 主机名 |
| \u | 用户名 |
| \d | 日期 |
| \t | 时间 |
| \a | 响铃提示 |

**实例分析**

$ PS1="\w>"　　　　　　　　　# 设置命令提示符为当前目录与字符">"

③ PS2

环境变量 PS2 在 Shell 接收用户输入命令的过程中，如果用户在输入行的末尾输入"\"然后回车，或者当用户按回车键时 Shell 判断出用户输入的命令没有结束时，显示这个辅助提示符，提示用户继续输入命令的其余部分，缺省的辅助提示符是">"。

**实例分析**

观察下面一系列 Shell 命令的执行过程。

$ var1="hello"　　　　　　　　# 定义本地变量 var1

$ var2="linux"　　　　　　　　# 定义本地变量 var2

$ export var2　　　　　　　　 # 将本地变量 var2 输出为环境变量

$ bash　　　　　　　　　　　# 创建子进程 bash

$ var3="freebsd"　　　　　　　# 在子 bash 中定义本地变量 var3

$ echo $var2　　　　　　　　　# 显示环境变量 var2 的值

上述命令的执行过程如图 4-2 所示。先在当前 Shell 中定义本地变量 var1 和 var2，将 var2 输出为环境变量；接着 Shell 创建一子进程，并在子进程中通过 exec 系统调用加载外部命令 bash，此时变量 var2 被子进程继承；最后，在子进程中进一步创建子进程，通过在新创建的子进程中调

用 exec 加载外部命令 echo，显示环境变量 var2 的值。

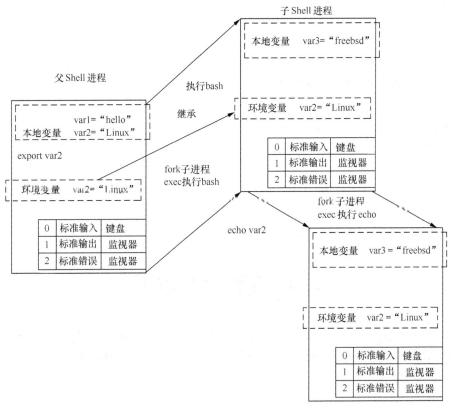

图 4-2　Shell 本地变量和环境变量的实现机制

### 3. 位置变量

位置变量由 Shell 内部定义，与传递参数的位置有关，下面给出位置参数的定义。

| 预定义变量 | 含　义 |
| --- | --- |
| $0 | 脚本程序的名字 |
| $1, $2... | 传递给脚本的参数，$1 代表第 1 个参数，$2 代表第 2 个参数，依此类推 |

### 4. 预定义变量

预定义变量由 Shell 内部定义，具有特定的含义，下面是一些 Shell 常用的预定义变量。

| 预定义变量 | 含　义 |
| --- | --- |
| $# | 传递到脚本的参数的数量 |
| $* | 传递到脚本的所有参数内容 |
| $? | 命令执行后返回的状态，0 表示成功执行，其他值则表明执行错误 |
| $$ | 当前进程的进程号 |
| $! | 后台运行的最后一个进程号 |

## 4.3.2　命令替换

当需将命令的输出结果赋给变量时，可使用命令替换，命令替换有两种语法形式。

**语法一**

var=$(command)

**语法二**

'var='command'

**功能**

将 command 命令的运行结果赋给变量 var。

**实例分析**

（1）用户"root"在名为"myLinux"的终端上输入以下命令

$ echo "User $（whoami）is on $(hostname)"

User root is on myLinux

（2）显示当天的日期和时间

$ echo "Today is" 'date'

Today is Sun Jul 17 08:06:28 CDT 2011

# 4.4  输入和输出

除直接给变量赋值外，用户可利用 read 命令通过键盘给变量赋值，这样实现了运行中的 Shell 脚本与用户之间的交互。同时，利用 echo 命令可将各种信息输出到终端显示器。

## 1. read 命令

**语法**

read  [选项]  变量名列表

**功能**

从键盘上读取变量的值。

| 选　项 | 含　义 |
|---|---|
| -p prompt | 设置提示信息 |
| -n num | 当 read 读 num 个字符后返回 |
| -s | 键盘输入屏幕不回显，可用于密码输入 |
| -t timeout | 设置超时时间为 timeout |
| -r | 取消转义字符的转义作用 |
| -d delim | 定义新的换行符 |

**实例分析**

$ read -s -n1 -p "Yes (Y) or not (N)?" answer　　　# 从键盘读取一个字符，不回显

$ read var1 var2　　　　　　　　　　　　　　　# 输入变量 var1 和 var2

## 2. echo 命令

**语法**

echo  [选项]  字符串

**功能**

显示字符串或变量的值。

| 选　　项 | 含　　义 |
| --- | --- |
| -n | 不在最后自动换行 |
| -e | 启用反斜线控制字符的转换 |
| -E | 不处理转义字符，此为缺省选项 |

下面给出 echo 命令支持的一些转义符。

| 转　义　符 | 含　　义 |
| --- | --- |
| \a | 从系统喇叭发送出声音 |
| \b | 向左删除 |
| \c | 取消行末的换行符号 |
| \E | ESCAPE 键 |
| \f | 换页字符 |
| \n | 换行字符 |
| \r | 回车键 |
| \t | 表格跳位键 |
| \\ | 反斜线本身 |

**实例分析**

```
$ echo -e "a\tb\tc\nd\te\tf"        #   2 行 3 列显示

a      b      c
d      e      f
```

# 4.5　Shell 中的引号

除字母和数字外，一些字符在 Shell 中具有特定的含义，这些字符称为元字符。元字符是构成模式语言的重要元素。在变量赋值等操作中，如果仅需要引用元字符本身，除了可以在元字符前加反斜杠进行转义外，还可以通过在包含元字符的字符串两边加引号，使元字符失去特定的含义，仅作为字符本身使用。引号包含单引号、双引号和反引号三种，不同的引号对元字符的处理方式不同，下面分别对它们进行介绍。

### 1. 反引号

反引号的作用为将一对反引号之间的命令用该命令的执行结果来代替，实现命令替换。

**实例分析**

```
$ var1=`ls -l`              # 将命令"ls –l"的执行结果赋给变量 var1
$ echo `pwd`                # 显示当前路径
```

### 2. 单引号

在一对单引号中的所有字符（包括元字符），保留原有字符的含义，其中不能包含单引号，因此，单引号不支持元字符、变量替换和命令替换。

**实例分析**

（1）显示当前目录下的所有文件

```
$ echo *                           # 将元字符'*'作为通配符处理
```
（2）显示字符 "*"
```
$ echo '*'                         # 单引号使元字符失去了特定的含义
```
（3）不进行变量替换
```
$ text='* means all files'         # 将单引号内的字符串赋给变量 text
$ echo '$text'                     # 显示 "$text"，不进行变量替换
$ echo $text                       # 变量替换，并显示替换后的字符串
```
命令 echo $text 首先显示当前目录下的所有文件，然后显示 "means all files"，其功能与下列命令相同。
```
$ echo means all files
```

### 3. 双引号

在一对双引号中的字符（包括元字符），除了美元符$、反引号`和反斜杠\外，其余均保留原来字符的含义。

双引号的特点如下。

（1）关闭通配符扩展

对双引号中的元字符不作处理，保留其原有的含义。

（2）支持变量替换

将双引号中引用的变量用变量值进行替换。

（3）支持命令替换

将双引号内一对反引号中的命令替换为该命令运行的结果。

实例分析

（1）假设用户为超级用户 root，下面给出双引号对 "$"、"`" 和 "\" 的处理方式。
```
$ dlist='whoami '
$ echo    " * $dlist end"
* whoami end
```
元字符 "*" 不作特殊处理，将变量$dlist 替换为变量的值'whoami'。
```
$ echo " `$dlist`"         # 先变量替换，然后进行命令替换
root
$ echo "\$dlist"           # 反斜杠 "\" 为转义符
$dlist
```
（2）不加双引号与加双引号的比较
```
$ x=*
$ echo $x                  # 显示当前目录下的所有文件
$ echo "$x"                # 仅显示变量 x 的值 "*"
```
（3）双引号对回车换行的处理
```
$ text="Linux kernel
> development"
$ echo $text
Linux kernel development
$
```

```
$ echo "$text"
Linux kernel
development
```

# 4.5　条件表达式

与其他程序设计语言一样，顺序、选择和循环是构成程序设计语言的基础。对于 Shell 程序设计语言，基本命令和变量赋值语句属于顺序语句，条件和分支语句属于选择语句，for、while 和 until 语句属于循环语句。

## 4.5.1　条件表达式

条件表达式是用于判断条件是否满足的逻辑表达式。当条件为真，返回 0，否则返回 1。它是选择和循环语句的基础，根据操作方式的不同，将操作分为字符串操作符、数字操作符、逻辑操作符和文件操作符，下面给出测试条件表达式真假的语法。

**语法一：**

test 条件表达式

**语法二：**

[ 条件表达式 ]

**语义**

测试"条件表达式"是否为真，若真则返回 0，否则返回 1。

### 1. 文件状态操作符

文件状态测试的目的是测试文件是否具有某种属性，例如文件是否可执行，文件是否是普通文件等。文件状态测试操作符的定义如下。

| 操 作 符 | 含 义 |
|---|---|
| -d filename | 若文件 filename 为目录文件，则返回真 |
| -f filename | 若文件 filename 为普通文件，则返回真 |
| -r filename | 若文件 filename 可读，则返回真 |
| -s filename | 若文件 filename 的长度大于 0，则返回真 |
| -u filename | 若文件 filename 的 SUID 位被设置，则返回真 |
| -w filename | 若文件 filename 可写，则返回真 |
| -x filename | 若文件 filename 可执行，则返回真 |

**实例分析**

（1）当指定的文件不可读时为真

$ test ! -r /usr/tom/message

（2）当指定的文件均存在，message 为可读，且$mailfile 指定的文件为普通文件时，返回真

$ test  -r /usr/tom/message  -a  -f  "$mailfile "

（3）当变量中存放的文件可读，且长度大于 0 时，返回真

$ [ -r  "$filename" -a -s "$filename" ]

### 2. 字符串操作符

字符串操作符用于判断字符串的性质以及字符串之间的关系。例如，判断字符串是否为空和两个字符串是否相同等，字符串操作符定义如下。

| 操 作 符 | 含 义 |
| --- | --- |
| string | 若字符串 string 非空，则返回真 |
| -n string | 若字符串 string 长度大于 0，则返回真 |
| -z string | 若字符串 string 长度为 0，则为返回真 |
| string1 = string2 | 若字符串 string1 和 string2 相等，则返回真 |
| string1 != string2 | 若字符串 string1 和 string2 不等，则返回真 |

实例分析

（1）两个字符串进行比较

$ user=tom

$ test "$user" = tom

$ echo $?

0

（2）带有空格的字符串进行比较

$ month="January    "

$ test "$month" = January

$ echo $?

1

$ test $month    =    January

$ echo $?

0

注意：Shell 保留了双引号内的空格，否则将滤去空格。

（3）带有空格的字符串比较

$ str1="testing string"

$ test "$str1"    =    "testing string"

$ echo $?

0

$ test $str1    =    "testing string"

test: unknown operator string

注意：若在$str1 两边不加双引号，然后将结果（testing string）传递给 test，而 test 将 string 作为操作符来处理，因此出错。

（4）带有空串（或未设置的字符串）比较

$ name=" "

$ test "$name" = tom

$ echo $?

1

（5）带有空串的字符串比较

```
$ blanks="        "
$ test $blanks
$ echo $?
1
$ test "$blanks"
$ echo $?
0
```

（6）判断字符串变量 SHELL 的值是否为空

```
$ [  -z  $SHELL  ]
```

### 3. 数字操作符

数字操作符操作的对象是数值，用于比较两个数值的大小关系。例如，判断两个数值是否相等等，下面给出数字操作符的定义。

| 操 作 符 | 含 义 |
|---|---|
| n1 –eq n2 | 判断数字 n1 与 n2 是否相等，若相等返回 0，否则返回 1 |
| n1 –ne n2 | 判断数字 n1 与 n2 是否不等，若不等返回 0，否则返回 1 |
| n1 –lt n2 | 判断数字 n1 是否小于 n2，若是返回 0，否则返回 1 |
| n1 –gt n2 | 判断数字 n1 是否大于 n2，若是返回 0，否则返回 1 |
| n1 –le n2 | 判断数字 n1 是否小于或等于 n2，若是返回 0，否则返回 1 |
| n1 –ge n2 | 判断数字 n1 是否大于或等于 n2，若是返回 0，否则返回 1 |

#### 实例分析

比较两数的大小

```
$ x1=" 005 "
$ test " $x1 " -eq 5          # 按数值方式比较
$ echo $?
0
$ test " $x1 " = 5            # 按字符串方式比较
$ echo $?
1
```

**注意**：操作对象的类型由操作符决定，当操作符为"-eq"时，将$x1 作为数字处理；当操作符为"="时，则将$x1 作为字符串处理。

### 4. 逻辑操作符

若操作对象是逻辑表达式，则使用逻辑操作符，下面是逻辑操作符的定义。

| 操 作 符 | 含 义 |
|---|---|
| e1 –a e2 | 逻辑表达式 e1 和 e2 同时为真时返回 0，否则返回 1 |
| e1 –o e2 | 逻辑表达式 e1 和 e2 有一个为真时返回 0，否则返回 1 |
| ! e1 | 若逻辑表达式 e1 不为真时返回 0，否则返回 1 |

#### 实例分析

当变量 count 的值大于等于 0 且小于 10 时为真。

$ test  "$count "  -ge 0  -a  "$count "  -lt 10

## 4.5.2  命令分隔符

每个命令在运行后，都会返回一个值。一般情况下，成功返回 0，否则返回非 0。在一行中可以运行多个命令，命令之间使用分隔符分割，分隔符的含义如下。

| 命令分割符 | 含　　义 |
| --- | --- |
| cmd1 ; cmd2 | 以独立的进程依次运行 cmd1 和 cmd2 |
| (cmd1 ; cmd2) | 在同一进程中依次运行 cmd1 和 cmd2 |
| cmd1 & cmd2 | cmd1 和 cmd2 同时运行，分属于不同进程组 |
| cmd1 && cmd2 | 当 cmd1 执行为真时，执行 cmd2 |
| cmd1 \|\| cmd2 | 当 cmd1 执行为假时，执行 cmd2 |
| cmd1 \| cmd2 | cmd1 的输出作为 cmd2 的输入 |
| cmd1 & | cmd1 以后台方式运行 |

**实例分析**

（1）测试 number 的值是否在 1 与 10 之间

$ [ "$number" -gt 1 ] && [ "$number" -lt 10 ]

（2）检查文件$file 是否为空，如不空则显示其内容

$ test  -s  $file  &&  cat  $file

（3）若指定的目录存在，则显示相应信息

$ test -d $1 && echo "$1 is a dictory"&&

（4）判断变量$yn 的值是否为"Y"或"y"

$ [ "$yn" = "Y" ] \|\| [ "$yn" = "y" ]

（5）如果文件/home/user/sh1.sh 不存在或无执行权，则显示相应信息

$ test -x /home/user/sh1.sh \|\| echo   "sh1.sh dos not exist or is not runnable"

# 4.6　判　断　语　句

## 4.6.1  条件语句

条件语句将根据条件表达式的值决定下一步执行何种动作，其语法形式如下。

**语法一**

```
if  [ 条件表达式 ]
    then
        命令序列 1
    else
        命令序列 2
    fi
```

**语义**

当"条件表达式"的测试值为真时，执行"命令序列 1"，否则执行"命令序列 2"。命令序列中的命令可以是一个或者多个。

**语法二**

if [  条件表达式  ]; then

　　命令序列

fi

**语义**

当"条件表达式"的测试值为真时，执行"命令序列"，否则执行条件语句后面的命令。条件表达式与 then 之间的分号 ";" 起命令分隔符的作用。

**语法形式三**

　if test  条件表达式 1

　　then

　　　命令序列 1

　　elif [  条件表达式 2]

　　then

　　　　　命令序列 2

　　else

　　　命令序列 3

　fi

**语义**

这是包含二层嵌套的条件语句，当"条件表达式 1"为真时执行"命令序列 1"，否则，在"条件表达式 2"为真的情况下执行"命令序列 2"，否则执行"命令序列 3"，"命令序列 3"属于第 2 个条件语句的一部分。在实际应用中，一般嵌套层数不能超过二层，否则会影响脚本的可读性。

在上述的三种语法形式中，条件表达式的测试语句可以换成命令，因为每个命令在执行完成后都有一个返回值，条件语句将根据这个返回值决定执行何种动作。

**实例分析**

（1）输入文件名，判断在当前目录下是否存在该文件，若存在输出相关信息，代码如 4-2 脚本所示。

**脚本 4-2　判断当前目录下是否存在某文件**

```
#!/bin/bash
# script4-2.sh
echo "Enter a file name:"
read file
if [ -f $file ]
then
    echo "File $file exists."
fi
```

（2）输入用户名，判断是否和当前运行的用户一致，根据判断结果，输出相关信息，代码如脚本 4-3 所示。

脚本 4-3　判断当前用户是否和输入的用户名一致

```
#!/bin/bash
# script4-3.sh
    echo -n "Enter your login name: "
    read name
    if [ "$name" = "$USER" ];
    then
        echo "Hello, $name. How are you today ?"
    else
        echo "You are not $USER, so who are you ?"
    fi
```

（3）输入两个数，比较它们的大小，并输出相应结果，代码如脚本 4-4 所示。

脚本 4-4　比较两个数的大小

```
#!/bin/sh
# script4-4.sh
echo    "Enter the first integer:"
read first
echo    "Enter the second integer:"
read second
if [ "$first" -gt "$second" ]
    then
        echo "$first is greater than $second"
    elif [ "$first" -lt "$second" ]
then
    echo "$first is less than $second"
else
    echo "$first is equal to $second"
fi
```

（4）在文本文件 myfile 中查找单词 "GNU"，并输出相应信息，代码如脚本 4-5 所示。

脚本 4-5　在文本文件中查找字符串

```
#! /bin/bash
# script4-5.sh
if grep "GNU" myfile >/dev/null
then
    echo    "\"GNU\" occurs in myfile"
else
```

```
echo
echo    "\"GNU\" does not occur in myfile"
fi
```

脚本 4-5 在条件表达式中使用了命令 grep，如果 grep 在文本文件中找到了需匹配的正则表达式，则命令返回 0，否则返回 1。

## 4.6.2　分支语句

如果某个变量或表达式存在多种取值，不同的取值决定不同的行为动作，如果取值较多时，使用 if 语句将会使逻辑变得复杂，在这种情况下，可选择分支语句。

**语法**

```
case  变量  in
        值 1 )
                命令序列 1
                ;;
        值 2)
                命令序列 2
                ;;
                ......
        值 n)
                命令序列 n
                ;;
        esac
```

**语义**

当"变量"的值为"值 1"时执行"命令序列 1"，当"变量"的值为"值 2"时执行"命令序列 2"，依此类推，需注意的是：在每个命令序列后面，需要用";;"作为结束标记。

在 case 语句中，会出现一些特殊的字符，用于模式匹配，下面给出这些字符的含义。

| 模　　式 | 匹　配　方　式 |
|---|---|
| * | 匹配所有字符串 |
| ? | 匹配任意单个字符 |
| [...] | 定义某个范围内的字符集 |
| \| | 分割不同的值，表示"或者" |

**实例分析**

（1）获得系统时间，并判断是上午、下午还是晚上，代码如脚本 4-6 所示。

脚本 4-6　判断当前时间属于上午、下午或晚上

```
#!/bin/bash
# script4-6.sh
hour = 'date +%H'
```

```
  case $hour in
 0[1-9] | 1[01] )
        echo "Good morining !!"
        ;;
1[2-7] )
        echo "Good afternoon !!"
        ;;
 * )
        echo "Good evening !! "
        ;;
esac
```

（2）根据不同的菜单选择，分别显示当前时间、登录用户和当前工作目录，代码如脚本 4-7
所示。

脚本 4-7　分支语句的使用实例

```
#!/bin/bash
# script4-7.sh
 echo -e "\n Command MENU\n"
 echo " D. Current data and time"
 echo " U. Users currently logged in"
 echo -e " W. Name of the working directory\n"
 echo "Enter D,U or W: "
 read answer
 echo
 case "$answer" in
    D |d )
         date
         ;;
    U | u)
         who
         ;;
    W | w)
         pwd
         ;;
     *)
         echo "There is no selection: $answer"
          ;;
 esac
```

# 4.7　循　环　语　句

循环语句是构成程序设计语言的三种基本元素之一顾名思义，循环语句就是不断执行循环体内的命令，直到循环条件满足或不满足为止。在 Shell 中，循环语句包括 for 语句、while 语句和 until 语句。

## 4.7.1　for 循环语句

**1. for 语句**

**语法**

for 变量名 in　参数列表
　　　　do
　　　　　命令列表
　　done

**语义**

将"参数列表"中的元素依次赋给"变量名"，在每次赋值后执行"命令列表"，"参数列表"表示"变量名"的取值范围。

**2. break 语句**

**语法**

break [n]

**语义**

在循环体中使用 break 语句，表示从循环中跳出，n 表示是跳出几层循环，默认是 1。

**3. continue 语句**

**语法**

continue [n]

**语义**

表示跳过循环体中之后的语句，回到循环开头，进行下一次循环。

**4. exit 语句**

**语法**

exit [n]

**语义**

退出运行脚本，n 为运行脚本的返回值。

**实例分析**

（1）从若干数中寻找最小值，代码如脚本 4-8 所示。

脚本 4-8　求若干数中的最小值

```
#!/bin/bash
# script4-8.sh
smallest=10000
```

```
for i in    12 5 18 58 -3 80
do
if test $i -lt $smallest
then
    smallest=$i
fi
done
echo " The smallest number is: $smallest"
```

（2）在当前目录下逐个显示.sh 结尾的 Shell 脚本的内容，代码如脚本 4-9 所示。

脚本 4-9　逐个显示当前目录下 sh 文件的内容

```
#! /bin/bash
# script4-9.sh
for file in ' ls    *.sh '
    do
    echo "Filename: $file"
    cat $file
    echo "-----------------"
done
```

### 5. expr 命令

**语法**

expr　算术表达式

**语义**

计算算术表达式的值，在每个算术运算符的两边必须用空格符分割。

**实例分析**

```
$ expr 1 + 2          # 结果为 3
$ expr 2 \* 5         # 结果为 10
```

（1）计算当前目录下可执行文件的个数，代码如脚本 4-10 所示。

脚本 4-10　计算当前目录下可执行文件的数量

```
#!/bin/bash
# script4-10.sh
count=0
for i in *
  do
if test -x $i
then
    count='expr $count + 1'
fi
```

```
done
echo Total of $count files executable
```

（2）显示所有命令行参数，代码如脚本 4-11 所示。

脚本 4-11　显示命令行参数

```
#!/bin/bash
# script4-11.sh
for arg
  do
    echo $arg
done
```

若参数列表为空，则表示循环变量依次获取位置参数的值。

for arg　等价于　for arg in $*

（3）逐个打印当前目录下的所有文件，代码如脚本 4-12 所示。

脚本 4-12　逐个打印当前目录下的文件

```
#!/bin/sh
# script4-12.sh
for i in    *
do
    cat $i | pr       #输出重定向到打印机
done
```

## 4.7.2　while 语句

while 语句是循环语句的一种，它的循环依据是条件表达式的值，当条件表达式的值为真时，while 语句将循环执行循环体中的命令，直至条件表达式的值为假。

**语法**

```
while [ 条件表达式 ]
    do
        命令列表
    done
```

**语义**

循环执行"命令列表"中的命令，直至"条件表达式"的值为假。

**实例分析**

（1）计算 1 到 100 的和，代码如脚本 4-13 所示。

脚本 4-13　计算 1 到 100 的和

```
#!/bin/bash
# script4-13.sh
i=1
```

```
sum=0
while [ $i -le 100 ]
do
   sum=`expr $sum + $i`
   i=`expr $i + 1`
done
echo The sum is $sum
```

（2）显示出 2～100 之间的所有素数，代码如脚本 4-14 所示。

脚本 4-14　显示出 2～100 之间的所有素数

```
#!/bin/sh
# script4-14.sh
i=2
while [ $i -le 100 ]
do
      j=2
      flag=1      #flag 为 1 表示 i 是素数
      while [ $j -le `expr $i / 2` ]
        do
          if [ `expr $i % $j` -eq 0 ]
          then flag=0;break
          fi
          j=`expr $j + 1`
        done
      if [ $flag -eq 1 ]
      then echo "${i} is a prime!"
      fi
      i=`expr $i + 1`
done
```

## 4.7.3　until 语句

与 while 语句类似，until 语句将循环执行循环体中的命令，直至条件表达式的值为真。

**语法**

  until　条件表达式

   do

   命令列表

  done

**语义**

循环执行"命令列表"中的命令，直至"条件表达式"的值为真。

**实例分析**

（1）显示 1～100 之间的整数，代码如脚本 4-15 所示。

脚本 4-15　显示 1～100 之间的整数

```
#!/bin/sh
# script4-15.sh
i=1
until [ $i -gt 100 ]
do
        echo $i
        i=`expr $i + 1`
done
```

（2）将输入的文件名存入文件 filenames，直至输入 no，代码如脚本 4-16 所示。

脚本 4-16　输入文件名至文件 filenames，直至输入 no

```
#!/bin/bash
# script4-16.sh
ans=yes
until ["$ans" = no ]
do
    echo Enter a name
    read name
    echo $name >> filenames
    echo "Continue?"
    echo Enter yes or no
    read ans
done
```

# 4.8　函　　数

为了使规模较大的程序更容易实现和维护，一般将程序按功能分解为若干个函数，每个函数完成一个特定功能，通过函数调用实现程序的功能，在 Shell 中，函数的语法如下。

**语法**

```
函数名（ ）
{
    命令列表
    return
}
```

函数的调用方式

函数名　参数列表

在使用函数时，需要注意以下几点。

（1）调用前，必须先进行定义。

（2）使用 Shell 定义的位置变量接收参数传递，例如$0.$1 和$#等。

（3）返回值取自函数中 return 语句或函数中最后一条命令的返回状态，可通过$?获得。

（4）函数中定义了与全局变量同名的局部变量，则在函数中同名局部变量生效。

（5）使用 local 声明的局部变量，其作用仅限于函数本身。

实例分析

（1）一个函数，测试文件是否为目录，代码如脚本 4-17 所示。

脚本 4-17　测试文件是否为目录

```bash
#!/bin/bash
# script4-17.sh
testfile( )        #函数定义
{
if [ -d $1 ]
then
    echo "$1 is a directory!"
else
    echo "$1 is not a directory!"
fi
return
}


testfile $1        #函数调用
```

（2）一个数是否是素数写成一个函数，并进行调用，代码如脚本 4-18 所示。

脚本 4-18　使用函数判断一个数是否是素数

```bash
#!/bin/bash
# script4-18.sh
prime( )
{
        flag=1
        j=2
        while [ $j -le `expr $1 / 2` ]
          do
            if [ `expr $1 % $j` -eq 0 ]
              then
                flag=0
```

```
                break
          fi
          j=`expr $j + 1`
      done
      if [ $flag -eq 1 ]
          then
            return 1
        else
            return 0
      fi
}
prime $1
if [ $? -eq 1 ]
    then
      echo "$1 is a prime!"
    else
        echo "$1 is not a prime!"
fi
```

（3）函数判断两数的大小关系，代码如脚本 4-19 所示。

脚本 4-19   运用函数判断两数的大小关系

```
#!/bin/bash
# script4-19.sh
 compare()
{
  if [ "$1" -eq "$2" ]
    then
        return 0
  elif [ "$1" -gt "$2" ]
    then
      return 1
    else
      return 2
 fi

  }
compare $1 $2
case $?   in
    0)
```

```
            echo "$1 = $2"
        ;;
    1)
            echo "$1 > $2"
        ;;
    2)
    echo "$1 < $2"
        ;;
esac
```

# 第三部分
# CNU C 语言开发环境

# 第5章
# GNU C 开发环境

## 5.1 GNU C 编译器

### 5.1.1 目标代码的生成

用高级语言编写的代码必须经过编译和链接，最终生成可执行的目标代码。在此过程中需要使用一系列工具和函数库。下面以 C/C++和汇编语言为例，介绍源代码生成目标代码的整个过程，如图 5-1 所示。首先，C/C++源代码经编译器，汇编语言源代码经过汇编器，生成目标文件（.o 文件）。如果有多个文件需要编译，为了便于管理，可将具体操作按一定规则写入 makefile 文件，make 工具根据 makefile 文件的要求执行相关命令生成目标文件。如果这些目标代码中的函数需要在其他应用中重复使用，可通过归档工具 ar 将这些.o 文件归档为函数库。最后，通过链接器将目标文件及相关函数库链接成为共享库、可链接文件或可执行文件，必要时可生成链接映射文件，其中记录了函数、变量等与链接和加载相关的信息。

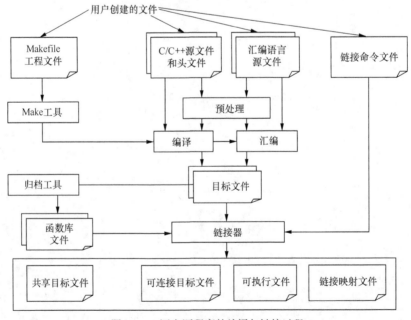

图 5-1　C 语言源程序的编译与链接过程

下面将介绍 GNU 环境下与 C/C++语言开发相关的概念和一些主要的开发工具，通过实例给出这些工具的使用方法。

## 5.1.2　GCC 概述

GCC（GNU Compiler Collection）是 GNU 下编译器及其相关工具的集合。GCC 原名为 GNU C 语言编译器，因为它原本只能处理 C 语言。随着 GCC 的发展，在功能上得到了不断扩展，目前，它具有以下特点。

（1）支持多种高级语言

例如 C++、Java、FORTRAN 和 Pascal 等。

（2）支持多种硬件处理器

可产生基于多种处理器的目标代码，例如 x86、ARM 和 PowerPC 等，也可作为嵌入式系统的交叉编译工具。

（3）支持多种操作系统平台

可在多种操作系统下构建开发环境，例如 Linux、Windows 和 Solaris 等。

## 5.1.3　GNU C 编译链接工具

### 1. 编译器：gcc

gcc（GNU C Compiler）是 GNU 下 C 语言编译器及相关工具的集成，其中包含了预处理器、编译器、汇编器、链接器等工具。gcc 根据输入文件和参数决定如何调用这些工具。

gcc 命令

**语法**

　　gcc　[选项]　目标文件　源文件

**功能**

将 C 语言编译为目标代码或可执行文件。

| 选　项 | 功 能 描 述 |
|---|---|
| Wall | 打印警告信息 |
| g | 添加调试信息到输出文件 |
| O o0 o1 o2 | 优化选项，若有多个则最后一个有效 |
| i | 指定头文件搜索路径，若有多个则从前往后搜索 |
| L | 指定库搜索路径，若有多个则从前往后搜索 |
| D | 给所编译文件定义一个宏，其值为 1 |
| l | 指定引用的库，从当前位置向后搜索 |
| static | 使用静态链接 |
| shared | 使用动态链接 |
| E | 输出预处理后的文件 |
| S | 编译生成的汇编文件（.s） |
| c | 编译生成的目标文件（.o） |
| o | 指定输出文件名 |
| Wl | 告诉 gcc/g++传送参数至 linker |
| fPIC | 告诉 gcc 创建地址独立的目标文件 |

为了更好地理解 gcc 选项，下面以程序 5-1 为例，通过实例介绍 gcc 常用选项的使用方法。

程序 5-1

```
// exam5-1.c
#include<stdio.h>
int count =20;
int main(void)
{
    int k;
    int sum=0;

  #ifdef DEBUG
        printf("runing in debug mode\n");
  #else
        printf(" runing in no debug mode\n");
  #endif
  for(k=0;k<count;k++)
      sum=sum+k;
  printf("the sum is%d\n",sum);
  }
```

```
$  gcc    -S exam5-1.c                    # 生成汇编代码
$ gcc -c exam5-1.c                        # 生成目标代码 exam5-1.o
$ gcc -Wall exam5-1.c -o exam5-1          # 编译时打开告警信息开关，生成可执行文件 exam5-1
$ gcc -o exam5-1 exam5-1.o                # 将目标文件 exam5-1.o 链接为可执行文件 exam5-1
$ gcc    -g -o exam5-1 exam5-1.c          # 生成包含调试信息的可执行文件 exam5-1
$ gcc -D DEBUG   -o exam5-1 exam5-1.c     # 使宏定义 DEBUG 生效
```

有时，可将头文件放在一个特定的目录中，例如./inc，则编译命令如下。

```
$ gcc test.c -i./inc -o test   # 将源文件 test.c 编译并链接为可执行的目标代码 test
```

## 2. 汇编工具:as

as 命令

**语法**

    as [选项] 汇编文件

**功能**

    将汇编语言源代码汇编为目标代码

**实例分析**

```
$ as -o test.o test.s   # 将汇编语言源代码 test.s 汇编为目标代码 test.o
```

由于 gcc 是编译工具的集成器，因此，汇编器 as 可以用 gcc –S 代替。

## 3. 链接器：ld

链接器将一系列的目标文件、库和链接命令文件作为输入，根据链接命令文件的要求将目标代码进行合并，处理外部引用和符号重定位，最后生成所需的目标代码。在默认情况下，无须定义链接命令文件，链接器 ld 会使用默认的链接命令文件。

有了链接器，一个大的程序可被分成若干个小的源文件，分别进行编译。可将其中经常重复使用的代码，以函数库的形式供其他程序使用。在链接生成最终可执行文件时，无需对函数库进行重新编译，既减少了代码的存储空间，也节省了时间。

ld 命令

**语法**

　　ld [选项] 目标文件列表

**功能**

将若干目标文件和函数库链接到一起，重定位符号引用和数据。

| 选　　项 | 功　　能 |
| --- | --- |
| -c entry | 指定程序入口 |
| -M | 输出链接信息 |
| -l | 指定链接库 |
| -L dir | 添加搜索路径 |
| -o | 设置输出文件名 |
| -T commandfile | 指定链接命令文件 |
| -Map | 指定输出映像文件 |

**实例分析**

（1）显示链接命令文件

$ ld --verbose　　# 查看默认链接脚本

（2）对于 gcc –o test test.c 命令，可编译生成.o 文件，再使用 ld 命令

$ gcc　 -c test.c

$ ld -o test /usr/lib/crt1.o /usr/lib/crti.o test.o –lc

（3）指定链接库

$ ld -o test test.o -lxxx

库的命名规则为 libxxx.a，-l 指定库名时使用的格式为-lxxx。

（4）指定搜索路径

$ ld -L./lib -o test test.o

（5）指定链接命令文件

$ ld -T linkcmds　 -o test　 test.o

（6）指定输出映射文件

$ ld -Map map.txt　　-o test　 test.o

# 5.2　项目管理工具——GNU make

## 5.2.1　项目管理概述

在开发规模较大的应用项目时，常采用模块化设计方法，将系统分解为若干个模块，各模块

完成各自特定的功能。此时，系统中将存在多个源代码文件，当生成最终的可执行文件时，必须逐个编译这些源代码文件，最后将所有的目标代码链接为可执行程序。在软件开发过程中需要不断调试，对存在问题的源代码文件进行不断修改，必须对修改过的源代码文件进行重新编译，并重新链接，如果这些步骤都由手工方式进行，既耗时又乏味。为此，GNU 项目开发了一个用于自动完成这些操作的项目管理工具 make，用户只需将这些步骤按一定的语法规则以命令的方式写入文本文件，一般命名为 Makefile，此后用户只需在命令提示符下输入 make 命令，make 工具会根据 Makefile 文件中的定义自动执行一系列编译和链接工作。当某个文件被修改，make 工具只执行依赖于该文件的一系列规则，这样，节省了整个编译和链接时间。

### 1. 手工管理

假设一小型系统由文件 main.c、app.c、mod.c 和 lib.c 组成，可通过下列方式将其编译，并链接为可执行文件 appexam。

```
$ gcc  -o  appexam  main.c  app.c  mod.c  lib.c
```

对于上述命令，gcc 会调用预处理和链接器，将这些 C 文件进行预处理、编译和链接，最后生成目标代码。如果只修改了其中一个文件，需要编译所有文件，因此可分别编译各个源文件，再将目标文件链接。具体步骤如下所示。

```
$ gcc  -c  -o main.o  main.c

$ gcc  -c  -o app.o  app.c

$ gcc  -c  -o bar.o  mod.c

$ gcc  -c  -o  lib.o  lib.c

$ gcc -o appexam main.o app.o mod.o lib.o
```

### 2. 基于 Shell 脚本的管理

如果源文件较多，显然手工管理方法是非常麻烦的。于是，有人通过编写一个 Shell 脚本，将这些命令写入脚本文件，通过运行 Shell 脚本完成整个编译和链接过程，代码如脚本 5-1 所示。

脚本 5-1    Shell 脚本

```
#!/bin/sh
# script5-1.sh
    gcc -c -o main.o main.c

    gcc -c -o app.o app.c

    gcc -c -o mod.o mod.c

    gcc -c -o lib.o lib.c

    gcc -o appexam main.o app.o mod.o lib.o
```

但这种方式也有一个问题，每次都要将所有的文件都编译一次，即使某源文件未被修改过，也将被重新编译一次。如果软件项目中存在许多源文件，每次生成可执行文件会花费较长的时间。

## 5.2.2  基于 make 工具的项目管理

### 1. Makefile 文件的语法结构

make 工具可以很好地解决这一问题，可将编译和链接的步骤按一定的规则写入文本文件。假设使用 Makefile 文件存放项目管理规则，Makefile 告诉 make 该做什么、怎么做。Makefile 由若干条规则组成，每条规则的语法结构如下。

**语法**

目标 1　目标 2...目标 n：依赖文件列表

<tab>命令 1

<tab>命令 2

……

<tab>命令 n

每条规则由依赖关系和命令两部分内容构成。

（1）依赖关系

定义生成目标文件需要依赖的文件，只有当所依赖的文件被更新，make 才执行相应的命令更新目标文件。

（2）命令

产生目标文件需要执行的命令

**语义**

依赖文件列表中的对象可为文件，也可为另一规则的目标。若目标为文件，且其依赖的对象也为文件，当文件的时间比目标更新，则执行产生目标的命令。若依赖的对象是另一条规则的目标，则以递归的方式运行。若目标不是一个存在的文件，则一定执行目标所包含的命令。

**2. make 工具**

make 命令

**语法**

make [选项] [目标]

**功能**

创建指定的目标，如果没有指定目标，则创建第一个目标。make 使用的默认的规则定义文件是 GNUmakefile、makefile 或 Makefile，否则使用-f 选项进行说明。

| 选　　项 | 功 能 描 述 |
| --- | --- |
| -C dir | 在读取规则文件之前，进入指定的目录 dir |
| -f file | 指定 file 文件作为存放规则的文件 |
| -h | 显示所有的 make 选项 |
| -i | 忽略所有的命令执行错误 |
| -I dir | 当包含其他规则文件时，指定搜索目录 |
| -n | 只打印要执行的命令，但不执行这些命令 |
| -p | 显示 make 变量数据库和隐含规则 |
| -s | 在执行命令时不显示命令 |
| -w | 在处理规则文件之前和之后，显示工作目录 |

**实例分析**

编写一个 Makefile 文件，对上述实例进行项目管理，内容如脚本 5-2 所示。

脚本 5-2　Makefile 文件

```
# script5-2_makefile

appexam:main.o app.o mod.o lib.o
```

```
    gcc -o appexam main.o app.o mod.o lib.o
main.o:main.c app.h
    gcc -c    main.c
app.o:app.c app.h
    gcc -c    app.c
mod.o:mod.c
    gcc -c    mod.c
lib.o:lib.c lib.h
    gcc -c    lib.c
clean:
    rm    -f *.o
```

用户可以使用下列命令创建目标 appexam。

$ make appexam        # 指定要创建的目标 appexam

$ make                # 未指定目标，则创建第一个目标 appexam

下面给出脚本 5-2 中各目标之间的依赖关系。如图 5-2 所示，箭头指向的是目标所依赖的其他目标，当某个目标被修改，则依赖它的所有目标将被重新编译，例如若头文件 app.h 被修改，则目标 main.o、app.o 和 appexam 都将被重新编译。

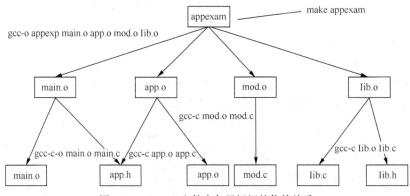

图 5-2    Makefile 文件中各目标间的信赖关系

## 5.2.3　Makefile 中的变量

为了使 Makefile 中规则的书写更为简洁，也为了能适应不同的开发环境，可在 Makefile 中定义变量，变量可用于保存文件名列表、命令和命令参数等。make 工具支持 4 种类型的变量，它们分别是自定义变量、环境变量、预定义变量和自动变量。

### 1. 自定义变量

这类变量由用户定义，变量名的命名规则与 Shell 中本地变量的命名规则相同，大小写敏感，一般用大写字母表示。

**语法**

　　变量名= 字符串

**功能**

　　将"字符串"赋给"变量名"，在 Makefile 中变量无数据类型。

引用

　　$（变量名）

**实例分析**

　　运用变量的定义，对脚本 5-2 进行适当修改，代码如脚本 5-3 所示。

脚本 5-3　Makefile 文件

```
# script5-3_makefile
OBJS=main.o app.o mod.o lib.o
appexam:$(OBJS)
    gcc -o appexam $(OBJS)
main.o:main.c app.h
    gcc -c    main.c
app.o:app.c app.h
    gcc -c    app.c
mod.o:mod.c
    gcc -c    mod.c
lib.o:lib.c lib.h
    gcc -c    lib.c
clean:
    rm   -f *.o
```

**2．环境变量**

make 在运行过程中，将环境变量转化为同名同值的 make 变量，用户也可在 Makefile 中对这些变量进行重新定义。

**3．预定义变量**

GNU make 预定义了一些变量，在 Makefile 文件中可以直接使用，也可以对这些变量进行重新定义，下面列出部分预定义变量。

| 预定义变量名 | 含　　义 | 默　认　值 |
| :---: | :---: | :---: |
| AR | 归档程序 | ar |
| AS | 汇编器 | as |
| CC | C 语言编译器 | cc |
| CXX | C++编译器 | g++ |
| CPP | 带有标准输出的 C 语言预处理程序 | $(CC) –E |
| RM | 删除文件的命令 | rm –r |

**实例分析**

利用预定义变量对脚本 5-3 做适当修改，代码如脚本 5-4 所示。

脚本 5-4　Makefile 文件

```
# script5-4_makefile
OBJS=main.o app.o mod.o lib.o
appexam:$(OBJS)
    $(CC) -o appexam $(OBJS)
```

```
main.o:main.c app.h
    $(CC) -c    main.c
app.o:app.c app.h
    $(CC) -c    app.c
mod.o:mod.c
    $(CC) -c    mod.c
lib.o:lib.c lib.h
    $(CC) -c    lib.c
clean:
    rm    -f *.o
```

#### 4. 自动变量

自动变量出 make 工具预先定义，具有特定的含义，它的值与规则中的目标和依赖对象有关，下面给出了部分自动变量及其含义。

| 变　　量 | 功 能 描 述 |
|---|---|
| $^ | 所有的依赖文件，以空格分开，以出现的先后为序 |
| $< | 第一个依赖文件的名称 |
| $? | 所有的依赖文件，以空格分开，它们的修改日期比目标的创建日期晚 |
| $* | 不包含扩展名的目标文件名称 |
| $@ | 目标的完整名称 |

**实例分析**　运用自动变量对脚本 5-4 作进一步的修改，代码如脚本 5-5 所示。

**脚本 5-5　Makefile 文件**

```
# script5-5_makefile
OBJS=main.o app.o mod.o lib.o
appexam:$(OBJS)
    $(CC) -o $@    $^
main.o:main.c app.h
    $(CC) -c -o $@    $<
app.o:app.c app.h
    $(CC) -c -o $@    $<
mod.o:mod.c
    $(CC) -c -o $@    $<
lib.o:lib.c lib.h
    $(CC) -c -o $@    $<
clean:
    rm    -f *.o
```

## 5.2.4　Makefile 文件中的潜规则

通常，为了产生目标，需要在目标和依赖对象之间建立明确的规则，定义如何生成目标的动作，但有时可简化这种操作。下面分别介绍隐含规则、后缀规则和模式规则的使用方法。

### 1. 隐含规则

在脚本 5-5 中，产生目标文件的命令都是从.c 的 C 源文件通过编译产生.o 目标文件，为使 Makefile 文件变得更简洁，GNU make 定义了内置的隐含规则，在不给出产生目标文件的命令时，由 make 自动添加。例如，下列规则，未定义如何产生目标的命令。

demo.o:demo.c

此时，make 自动添加下列规则。

$(CC) $(CFLAGS) $(CPPFLAGS) $(TARGET_ARCH) -c $< -o $@

**实例分析**

运用隐含规则，对脚本 5-5 做适当修改，代码如脚本 5-6 所示。

脚本 5-6　Makefile 文件

```
# script5-6_makefile
OBJS=main.o app.o mod.o lib.o
appexam:$(OBJS)
    $(CC) -o $@ $^
main.o:main.c app.h
app.o:app.c app.h
mod.o:mod.c
lib.o:lib.c lib.h
clean:
    rm   -f *.o
```

### 2. 后缀规则

后缀规则定义了将具有某后缀的文件（例如.c 文件）转换为具有另外一后缀的文件（例如，.o 文件）的方法。每个后缀规则以两个成对出现的后缀名定义，例如将 .c 文件转换为 .o 文件的后缀规则可定义如下。

.c.o:

$(CC) $(CCFLAGS) $(CPPFLAGS) -c -o $@ $<

**实例分析**

运用后缀规则，对脚本 5-6 作适当修改，代码如脚本 5-7 所示。

脚本 5-7　Makefile 文件

```
# script5-7_makefile
.c.o:
        gcc   -c $<
OBJS=main.o app.o mod.o lib.o
appexam:$(OBJS)
    $(CC) -o $@   $^
clean:
    rm   -f *.o
```

### 3. 模式规则

模式规则是对具体规则的进一步抽象，定义了一类具有相同行为特点的规则，例如用%表示通配。下面的模式规则定义了如何将任意一个 X.c 文件转换为 X.o 文件。

**实例分析**

运用模式规则，对脚本 5-5 做相应修改，如脚本 5-8 所示。

脚本 5-8　Makefile 文件

```
# script5-8_makefile
%.o: %.c
    $(CC) -c $< -o    $@
OBJS=main.o app.o mod.o lib.o
appexam:$(OBJS)
    $(CC) -o $@ $^
main.o:main.c app.h
app.o:app.c app.h
mod.o:mod.c
lib.o:lib.c lib.h
clean:
    rm    -f *.o
```

# 5.3　创建和使用函数库

函数库是由若干目标文件按某种格式构成的集合，目标文件是由源文件经过编译生成的中间代码。在进行软件开发的过程中，往往会积累许多可复用代码，这些代码经过严格测试和反复使用，证明是可靠的。为了提高软件的开发效率，可将这些代码编译，并分类打包成函数库，供其他项目使用。函数库可分为两种类型，静态库和共享库。应用程序可根据需要选择使用静态库或共享库，静态库和共享库在与应用程序的链接方式上具有不同的特点，链接过程如图 5-3 所示。

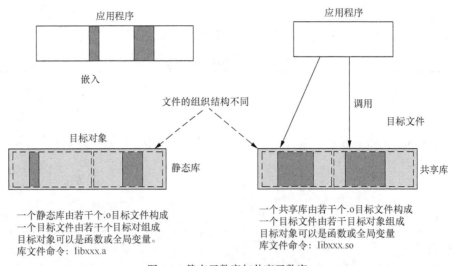

图 5-3　静态函数库与共享函数库

应用程序在链接静态库时，将使用的静态库对象嵌入至可执行映像文件中；而在链接共享库时，仅在可执行映像文件中保留加载目标对象所需的信息，在调用时，才真正将目标对象加载至内存。

## 5.3.1  静态库

静态库由 ar 工具创建。经编译的应用程序和静态库链接时，链接器将静态库中被调用的对象嵌入至可执行映像文件中，这样在没有静态库的环境下，应用程序也能独立运行。静态库文件的命名规则是 libxxx.a，以 lib 开头，.a 作为文件名后缀。

### 1. 静态库管理工具

ar 命令

**语法**

ar [选项]  [归档文件] 目标文件列表

**功能**

用于创建、修改和查询归档文件。

| 选　　项 | 功　能　描　述 |
| --- | --- |
| -d | 从函数库中删除目标对象 |
| -r | 向函数库中插入目标对象，若存在则替换 |
| -t | 显示函数库中目标对象列表 |
| -x | 从函数库中提取一个目标对象 |
| -c | 创建一个函数库 |
| -v | 显示 ar 的版本信息 |
| -u | 若函数库中已经存在同名目标，则用新目标更新 |

### 2. 创建静态库

下面给出两个 C 源文件用于创建静态库，它们分别是 exam5-2.c 和 exam5-3.c，源代码如程序 5-2 和程序 5-3 所示。

**程序 5-2　exam5-2.c**

```
// exam5-2.c
int add(int x,int y ){
    return x+y;
}
```

exam5-2.c 中定义了一个函数 add。

**程序 5-3　exam5-3.c**

```
// exam5-3.c
int func(int count)
{
    int sum=0;
    int j;
    for(j=0;j<=count;j++)
```

```
      sum=sum+j;
    return sum;
}
```

exam5-3.c 中定义了一个函数 func。

创建静态库的步骤如下。

（1）编译 exam5-2.c 和 exam5-3.c，分别生成目标文件 exam5-2.o 和 exam5-3.o。

```
$ gcc -c -Wall exam5-2.c    # 生成目标文件 exam5-2.o
$ gcc -c -Wall exam5-3.c    # 生成目标文件 exam5-3.o
```

（2）创建静态库，运用工具 ar 将目标文件 exam5-2.o 和 exam5-3.o 生成静态库 libdemo.a。

```
$ ar -cru libdemo.a exam5-2.o exam5-3.o
```

其中，选项 c 告诉 ar 创建一个新的静态库，除非静态库存在；选项 r 告诉 ar 替换已经存在的目标文件；选项 u 告诉 ar 被替换的目标文件必须是最新的。

（3）为了使用静态库，首先定义静态库的应用接口，代码如程序 5-4 所示。

程序 5-4　exam5-4.h

```
// exam5-4.h
#ifndef _DEMOLIB_API_H
#define _DEMOLIB_API_H


extern int add(int x,int y);
extern int func(int count);


#endif
```

### 3. 静态库的使用

下面是使用静态库 libdemo.a 的测试程序，代码如程序 5-5 所示。

程序 5-5　静态库测试实例

```
// exam5-5.c
#include<stdio.h>
#include "exam5-4.h"
int main(void)
{
    int val;
    int x,y;
    x=12;
    y=18;
    val=add(x,y);
    printf("the mult of x and y is %d\n",val);
    val=func(100);
    printf("the sum is%d \n",val);
}
```

在上述实例中，使用了静态库中的两个库函数 add 和 func，将计算结果输出至终端。下面给出利用静态库 libdemo.a 编译生成可执行文件 test 的具体方法。

$ gcc　exam5-5.c　-L.　–ldemo　-o　exam5-5

-L.表示静态库在当前目录下，-ldemo 表示 libdemo.a，省略了前缀 lib 和文件后缀.a。

#### 4．静态库的特点

由于在生成的可执行文件中包含了所有需要的目标对象，因此静态库具有以下特点。

（1）运行时无需外部库的支持

由于可执行文件中嵌入了所需的静态库目标对象，因此可以脱离静态库独立运行。

（2）较高的运行速度

由于可执行文件中包含了所有需要的静态库目标对象，在运行时不需加载其他目标对象，因此应用程序具有较高的运行速度。

（3）可执行文件具有较大的体积

由于可执行文件中嵌入了所需的静态库目标对象，因此增加了可执行文件的体积。

（4）不容易维护

由于库中的目标文件被链接进最终的可执行文件，因此当程序的功能需要修改时，必须重新链接。

#### 5．静态库的其他相关操作

（1）查询静态函数库 libdemo.a 中的目标对象。

$ ar -t libdemo.a

exam5-2.o

exam5-3.o

$

（2）删除静态函数库 libdemo.a 中的目标对象 exam5-2.o

$ ar -d libdemo.a exam5-2.o

$ ar -t libdemo.a　　　# 显示删除后的结果

exam5-3.o

$

（3）从静态函数库 libdemo.a 中提取目标对象 exam5-2.o，提取后该目标仍在库中。

$ ar -xv libdemo.a exam5-2.o

x - exam5-2.o

$ ls

exam5-2.o　　libdemo.a

$ ar -t libdemo.a

exam5-2.o

exam5-3.o

## 5.3.2　共享库

根据使用共享库方式的不同，共享库也称为动态加载库。经过编译后的应用程序在和共享库链接时，链接器在库中检查所需的符号信息，例如函数和变量，只在生成的可执行映像文件中记录这些信息的来源。与静态库不同，没有将共享库中的目标对象嵌入至映像文件。因此，离开共享库的支持,应用程序无法运行。共享库文件的命名规则是 libxxx.so,以 lib 开始,文件名以.so 作为后缀。

**1. 创建共享库**

下面以程序 5-2 和程序 5-3 为例,介绍如何将 exam5-2.c 和 exam5-3.c 创建为共享库,具体步骤如下。

```
$ gcc -fPIC -c   exam5-2.c      # 生成目标文件 exam5-2.o
$ gcc -fPIC -c   exam5-3.c      # 生成目标文件 exam5-3. o
$ gcc -shared exam5-2.o.o exam5-3.o.o -o libdemo.so   # 生成共享库 libdemo.so
```

其中,选项-fPIC 告诉 gcc 创建地址独立的目标文件,选项-shared 告诉 gcc 创建一个共享库。

**2. 共享库的使用**

下面再以程序 5-5 为例,介绍共享库的使用方法。与静态库的使用一样,只是在链接时使用共享库 libdemo.so,而不是静态库 libdemo.a

```
$ gcc   exam5-5.c   -L. -ldemo -o exam5-5
```

注意,在当前目录下只有共享库 libdemo.so。若在当前目录下同时存在 libdemo.a 和 libdemo.so,默认情况下首先使用共享库,若需使用静态库可加上选项-static,示例如下。

```
$ gcc  -static  exam5-5.c  -L.  -ldemo  -o  exam5-5
```

使用 ldd 命令可以显示应用程序使用共享函数库的情况,示例如下。

```
$ ldd    exam5-5
libdemo.so => ./libdemo.so (0x40017000)
libc.so.6 => /lib/tls/libc.so.6 (0x42000000)
/lib/ld-linux.so.2 => /lib/ld-linux.so.2 (0x40000000)
```

**3. 共享库的加载**

链接着共享库的应用程序启动时,一个称为程序装载器的特殊程序将自动运行。在 Linux 系统中,该程序装载器为/lib/ld-linux.so.X,X 为版本号,它的作用是查找并装载应用程序所依赖的所有共享库中的目标对象。

**4. 共享库的特点**

与静态库相比,共享库具有以下特点。

(1)可执行文件体积小

没有将共享库中的目标对象嵌入至应用程序,因此可执行映像文件具有较小的体积。

(2)容易维护

当共享库中目标对象发生改变时,应用程序不需要重新编译。

(3)不能离开动态库独立运行

由于执行映像文件未包含共享库中调用的目标对象,因此不能离开共享库独立运行。

(4)运行速度比较漫。

由于应用程序在启动时需要加载共享库,因此运行速度将受到一定影响。

## 5.3.3 动态链接库

动态链接库是运用共享库的一种方式,在运行的任何时刻可以动态加载共享库。与一般使用共享库不同,通常应用程序在启动时,不立即加载共享库,而是在需要时,动态加载共享库。在这种情况下,称共享库为动态链接库。

动态链接库的 API 函数

为使用动态链接库，Linux 环境提供了下列一组 API 函数。

#include <dlfcn.h>

void *dlopen( const char *filename, int flag );        # 打开动态链接库

const char *dlerror( void );                            # 检查动态链接库操作是否失败

void *dlsym( void *handle, char *symbol );             # 取函数执行地址

int dlclose( void *handle );                            # 关闭动态链接库

**实例分析**

运用动态加载的方法使用共享库，实现程序 5-4 的功能，代码如程序 5-6 所示。

程序 5-6　动态链接库的使用实例

```c
// exam5-6.c
#include<stdio.h>
#include <dlfcn.h>
#include "exam5-4.h"
int main(void)
{
    int val;
    int (*add_d)(int ,int);
    int (*func_d)(int);
    void    *handle;
     char    *err;
     int x,y;
    x=12;
    y=18;
handle = dlopen( "libdemo.so", RTLD_LAZY );
    if (handle == (void *)0) {
                fputs( dlerror(), stderr );
                exit(-1);
              }


    add_d = dlsym( handle, "add" );
                err = dlerror();
                if (err != NULL) {
                    fputs(err, stderr );
                    exit(-1);
                }
    func_d = dlsym( handle, "func" );
                err = dlerror();
                if (err != NULL) {
```

```
                fputs(err, stderr );
                exit(-1);
            }


    val=(*add_d)(x,y);
    printf("the mult of x and y is %d \n",val);
    val=(*func_d)(100);
    printf("the sum is %d\n",val);
    dlclose( handle );
}
```

编译上述程序

$ gcc –rdynamic exam5-6.c –o exam5-6 -ldl

从上述代码不难看出，使用动态链接库分为 3 个步骤，首先打开动态链接库文件，接着取得所要调用函数的地址，根据地址进行调用，最后关闭动态链接库。

# 5.4　GNU C 函数库——glibc

## 1. glibc 概述

在 Linux 系统中，运用 C 语言进行软件开发，需使用 Linux 内核提供的各种功能，例如创建进程、读写文件和进程通信等。为方便使用 Linux 内核功能，GNU 开发了一套标准的 C 函数库 glibc，glibc 封装了内核接口的硬件特性，实现了对多种标准接口协议的支持，例如 ISO C 和 POSIX 等；同时也提供了众多与内核无关的函数集，例如数学函数、字符串函数等。这样，只要在系统中安装了 glibc，源代码无需修改，便可在不同操作系统和不同硬件平台上迁移，提高了软件的开发效率。目前，glibc 所支持的标准包括 ISO C、POSIX、SVID 和 XPG 等。

## 2. Linux 系统中的 glibc

头文件

/usr/include：　　　　// 系统头文件

/usr/local/include：　　// 本地头文件

函数库

/lib：　　　　　　　　// 系统必备共享库

/usr/lib：　　　　　　// 标准共享库和静态库

/usr/X11R6/lib：　　　// X11R6 的函数库

/usr/local/lib：　　　　// 本地函数库

## 3. Linux 内核与 glibc 的关系

glibc 函数库是应用程序和 Linux 内核之间的中间层，它封装了 Linux 内核接口的硬件特性，为应用程序提供标准应用编程接口。对运行于不同硬件平台上的 Linux 内核，只要对 glibc 重新配置并编译生成适应该平台的函数库，从而极大地提高了应用程序的可移植性、代码可读性和可维护性。

　　下面以基于 x86 硬件平台的进程创建函数 fork 为例，分析 fork 函数的执行过程，如图 5-4 所示。首先，调用 glibc 中的 fork 函数实现代码，这部分代码实现在用户空间；对于 Linux 内核的实现，所有内核系统接口函数都存放在一个名为 sys_call_table 的数组中，每个系统调用占用数组的一项，通过软中断 int 80H 陷入，每个系统调用函数拥有唯一功能号，功能号就是 sys_call_table 数组的下标。因此，glibc 中的 fork 函数最终通过传递功能号调用 int 80H 陷入内核，int 80H 对应的处理函数为 system_call，system_call 根据传入的功能号，跳转至 sys_call_table 数组中的 sys_fork 函数，sys_fork 函数是进程创建的内核实现代码，sys_fork 函数执行结束后，返回至用户空间。

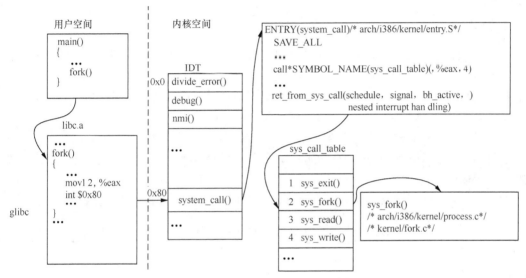

图 5-4　glibc 函数库与 Linux 内核的关系

　　然而，应用程序也可不通过 glibc 函数库访问 Linux 内核，而直接调用 Linux 内核的硬件访问接口。下面给出通过 int 80H 软中断访问 write 系统调用的过程，代码如程序 5-7 所示。

程序 5-7　使用软中断实现字符串输出

```
# exam5-7.s
.equsys_EXIT, 1              # exit 的功能号
.equsys_WRITE, 4             # write 的功能号
.equdev_STDOUT, 1            # 标准输出设备号


    .section.data            # 全局数据段
msg:.ascii" Hello \n"        # 输出字符串信息
len:.long. - msg #  字符串长度


    .section.text  # 代码段
_start: # 代码开始执行地址
    # 在标准输出设备上打印字符串
    movl $sys_WRITE, %eax
```

```
movl $dev_STDOUT, %ebx
movl $msg, %ecx
movl len, %edx
int$0x80

# 结束进程并返回
movl $sys_EXIT, %eax
movl $0, %ebx
int$0x80
.global_start
```

write 系统调用的功能号为 4，在调用 int 80 之前，需将文件描述符、字符串地址、字符串长度和系统函数 write 的功能号存入相应的寄存器。

将上述汇编代码进行汇编与链接，最后生成可执行文件 hello，具体步骤如下。

$ as exam5-7.s -o exam5-7.o      # 生成目标文件 exam5-7.o

$ ld exam5-7.o -o exam5-7      # 生成可执行文件 exam5-7

直接使用软中断访问 Linux 内核功能，降低了代码的可读性，不便于代码移植，因此在实际应用中很少使用。

如果利用 glibc 函数库实现程序 5-7 的功能，实现将变得非常简单，代码如程序 5-8 所示。

程序 5-8　使用 glibc 函数库实现字符串输出

```
#include<stdio.h>
int main(void)
{
printf("hello\n");
}
```

函数 printf 封装了 Linux 内核的硬件接口特性，此外具有输出格式转换的功能，使用户在输出数据时更为灵活和方便。

# 第四部分
# Linux环境下的C语言编程

# 第6章
# Linux 文件与目录

## 6.1 Linux 文件系统概述

### 6.1.1 文件系统的概念

计算机系统的外存，例如硬盘、光盘和闪存等，具有容量大、信息不易丢失等特点，常被用于存储需较长时间保存的信息，如应用程序和各种文档等。通常，为了便于管理，将外存抽象为若干个逻辑块，文件系统将一个逻辑块定义为若干连续的扇区。逻辑块是构成文件系统的基本操作单元，每个块都有自己的编号，文件系统就建立在由若干逻辑块构成的线性空间上。因此，在Linux 系统中，称这些设备为块设备。

当用户存储信息时，从块集合中选择若干空闲的块，将信息写入其中，但有时需要增加新信息、删除暂时不用的信息和对已有的信息进行修改，这样导致存储的信息在不断变化。在没有文件系统的情况下，对这些信息的管理变得非常复杂和麻烦。文件系统就是在块设备上建立的一种管理软件，通过文件系统，用户可以很方便地存取信息。Linux 内核支持多种文件系统，例如 ext2、fat 和 jffs 等。不同文件系统对块设备的组织管理方式不同，每种文件系统具有自身特点，但文件系统提供给用户的应用编程接口是一致的。

文件系统的基本组成单位是文件，文件中存放的数据尽管在块设备中未必连续，这些数据通过文件系统与块设备上的块建立映射，但从使用者的角度，文件由逻辑上连续的若干字节序列组成；文件系统将所有的文件通过目录连接成一棵目录树，Linux 系统中的根目录是"/"。目录是一种特殊的文件，其内容由若干目录项构成，每个目录项对应一个文件，也包括目录，目录项中记录了文件名和 i 节点号，i 节点号对应所属文件 i 节点在 i 节点表中的位置，i 节点中记录了除文件名外文件的所有信息。除普通文件外，还有其他一些特殊文件，例如字符设备文件、块设备文件和命名管道文件等，这些文件利用文件系统的接口实现对它们的访问。

### 6.1.2 虚拟文件系统

虚拟文件系统是对各种真实文件系统的抽象，在虚拟文件系统中定义了抽象的超级块、i 节点和目录，它为真实文件系统提供了一种统一的框架接口。真实文件系统通过这些接口与虚拟文件系统相连接，真实文件系统是这些抽象接口的具体实现。虚拟文件系统存在于内存中，在系统启动时产生，随着系统的关闭而消失。有了虚拟文件系统，可以将系统中不同的文件系统统一在一种模式下。虚拟文件系统为应用定义了一组标准文件操作接口函数，例如 open、write 和 close 等。Linux 内核中虚拟文件系统的体系结构如图 6-1 所示。

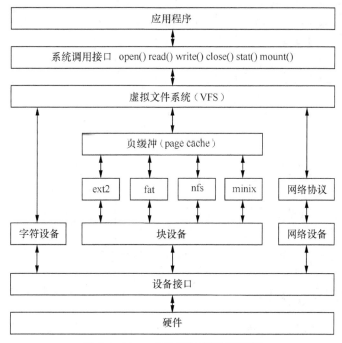

图 6-1　Linux 虚拟文件系统框架结构

为了提高存取效率，在虚拟文件系统和真实文件系统之间建立基于页的高速缓冲，这样可以减少 I/O 操作的次数，提高文件的存取效率。块设备是建立真实文件系统的基础。

可在块设备的不同分区上建立不同的文件系统，字符设备作为一种特殊的文件，利用了文件系统的接口，实现对具体字符设备驱动的操作；网络协议也通过虚拟文件系统的框架接口与套接字建立连接。

## 6.1.3　文件系统的结构

文件系统建立在由若干连续的逻辑块构成的存储空间中。虽然每种文件系统对逻辑块采用不同的组织、分配和管理形式，但根据用途，逻辑块可归纳为三类：超级块、i 节点区和数据区。下面以 ext2 文件系统为例，介绍 ext2 文件系统的基本结构，如图 6-2 所示。

超级块用于存放整个文件系统的管理信息，其中定义了各分区的大小、i 节点表和数据区的位置等管理信息。i 节点区用于存放 i 节点，每个文件都有各自唯一的 i 节点，i 节点中存放了与文件相关的所有信息，例如，文件内容在数据区的分布、文件的大小、权限管理信息和文件的创建时间等。数据区则存放系统中所有文件的内容。

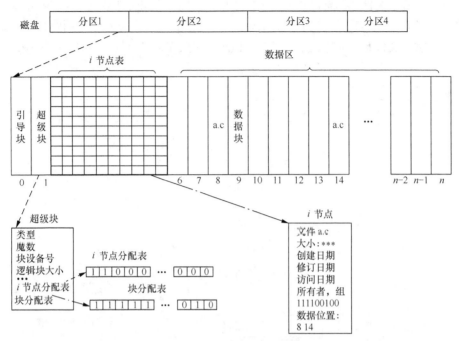

图 6-2　ext2 文件系统的组织结构

## 6.1.4　应用编程接口

Linux 内核的各种真实文件系统、块设备和字符设备统一在虚拟文件系统的框架中，虚拟文件系统为应用提供了一组抽象的文件输入输出接口。这样大大减少了 Linux 内核应用接口的数量，本章将对与文件 I/O 操作相关的应用编程接口的定义和使用方法进行分类介绍，这些函数如表 6-1 所示。

表 6-1　　　　　　　　　　　　与文件 I/O 操作相关的应用编程接口

| 分　　类 | API | 功　能　描　述 |
|---|---|---|
| 文件的输入输出操作 | open | 打开文件 |
| | read | 读文件 |
| | write | 写文件 |
| | lseek | 定位读写操作的位置 |
| | close | 关闭文件 |
| 文件属性操作 | stat | 获取文件的属性信息 |
| | chmod | 设置文件的权限 |
| | chown | 设置文件的属主 |
| | utime | 获取时间 |
| 目录操作 | opendir | 打开目录 |
| | readdir | 读目录 |
| | writedir | 写目录 |
| | closedir | 关闭目录 |

续表

| 分　类 | API | 功　能　描　述 |
|--------|-----|----------------|
| 标准 I/O 库 | fopen | 打开文件 |
| | fread | 读文件 |
| | fwrite | 写文件 |
| | fclose | 关闭文件 |
| | fprintf | 格式化输出 |
| | fscanf | 格式化输入 |
| | fflush | 将缓冲区中的数据写入文件 |
| I/O 重定向 | dup | 复制一个文件描述符 |
| | dup2 | 复制一个文件描述符 |

# 6.2　文件的基本输入输出

文件基本输入输出操作是 Linux 内核提供的最基础的文件访问接口。在 glibc 中，这些操作对应的函数有 open、read、write、lseek 和 close 等，它们和 Linux 内核中的相应系统调用一一对应，glibc 仅对这些系统调用的硬件接口特性进行了封装，本节介绍其中部分函数的原型定义和使用方法。

## 6.2.1　文件操作

### 1. 打开文件

从用户的角度，文件用路径名表示。在文件系统内部，文件用 i 节点表示，文件的所有信息都储存在 i 节点中。在对文件进行读写操作前，必须获得文件对应的 i 节点，打开文件的目的就是根据文件的路径名，在文件系统中寻找对应的 i 节点。

在 Linux 系统中，一个文件可以被多个进程共享，每个进程在内核中用 task_struct 结构表示，其中有一个称为文件描述符表的 fd，fd 是一个指针数组，每个指针指向一个 file 结构，如图 6-3 所示。file 结构用于记录一个打开文件的状态信息，其中 f_pos 记录打开文件的当前读写位置，f_dentry 指向打开文件所在的目录，f_op 中定义了文件具体的操作集。通过目录结构，可获得文件 i 节点的信息。一个打开的文件描述符就是打开文件的 file 结构在数组中的下标，同一个文件描述符在不同的进程中代表的文件未必相同。一般情况下，fd 数组的前三个描述符 0、1 和 2 继承自父进程，分别代表标准输入、标准输出和标准错误输出。

**open 函数**

| 头文件 | **#include <sys/types.h>**<br>**#include <sys/stat.h>**<br>**#include <fcntl.h>** |
|--------|----------------------------|
| 函数原型 | int open(const char *pathname, int flags);<br>int open(const char *pathname, int flags, mode_t mode);<br>int creat(const char *pathname, mode_t mode); |
| 功能 | 打开或创建一个文件 |
| 参数 | pathname 文件的路径名<br>flags 指定文件的操作模式<br>mode 仅当创建新文件时使用，用于指定文件的访问权限位 |
| *返回值* | 成功返回文件描述符，否则返回-1 |

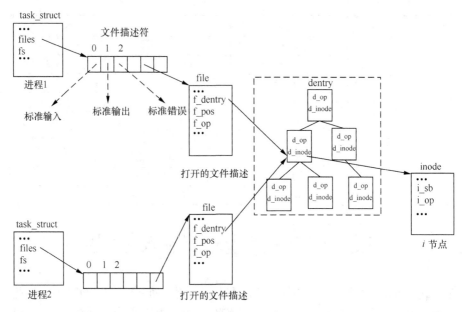

图 6-3  打开文件过程中建立的数据结构

open 函数第二个参数 flag 的定义如下。

| flag | 含　义 |
|------|--------|
| O_RDONLY | 以只读的方式打开文件 |
| O_WRONLY | 以只写的方式打开文件 |
| O_RDWR | 以读写方式打开 |
| O_APPEND | 当需要写文件时，在文件尾部追加 |
| O_CREAT | 创建文件，需要 mode 参数配合使用 |
| O_EXCL | 与 O_CREAT 一起使用，当创建的文件存在时产生错误 |
| O_TRUNC | 与 O_WRONLY 或 O_RDWR 一起使用，文件长度设为 0 |
| O_SYNC | 所有写入的数据等到真正完成后才返回 |
| O_ASYNC | 当 I/O 读写时，产生信号 SIGIO |
| O_NONBLOCK | 读写操作时不阻塞 |

open 函数第三个参数 mode 的定义如下。

| 宏 定 义 | 数　值 | 含　义 |
|----------|--------|--------|
| S_IRWXU | 00700 | 允许属主读、写和执行 |
| S_IRUSR | 00400 | 允许属主读 |
| S_IWUSR | 00200 | 允许属主写 |
| S_IXUSR | 00100 | 允许属主执行 |
| S_IRWXG | 00070 | 允许所属用户组读、写和执行 |
| S_IRGRP | 00040 | 允许所属用户组读 |
| S_IWGRP | 00020 | 允许所属用户组写 |

续表

| 宏 定 义 | 数 值 | 含 义 |
|---|---|---|
| S_IXGRP | 00010 | 允许所属用户组执行 |
| S_IRWXO | 00007 | 允许其他用户读、写和执行 |
| S_IROTH | 00004 | 允许其他用户读 |
| S_IWOTH | 00002 | 允许其他用户写 |
| S_IXOTH | 00001 | 允许其他用户执行 |

### 2. 读文件

读文件操作就是要将数据从文件中某个位置读出至缓冲区，以便应用程序使用。写文件操作则是将缓冲区中的数据写入文件的指定位置。从用户的角度，文件被看作是由逻辑上连续的若干字节构成的字节序列，数据在文件中的位置用偏移量来表示；而在文件系统内部，文件中的数据通过不连续的逻辑块进行组织。因此，读写操作需要完成从偏移量与逻辑块之间的转换，文件系统最终通过块设备驱动程序完成文件的读写操作。

#### read 函数

| 头文件 | #include <unistd.h> |
|---|---|
| 函数原型 | ssize_t read(int fd, void *buf, size_t count); |
| 功能 | 从文件中读取数据 |
| 参数 | fd 文件描述符<br>buf 存放读取数据的内存缓冲<br>count 读取的字节数 |
| 返回值 | 成功返回所读字节数，否则返回−1 |

### 3. 写文件

#### write 函数

| 头文件 | #include <unistd.h> |
|---|---|
| 函数原型 | ssize_t write(int fd, const void *buf, size_t count); |
| 功能 | 将数据写入文件 |
| 参数 | fd 文件描述符<br>buf 写入数据的缓冲区<br>count 准备写入的字节数 |
| 返回值 | 成功写入文件的字节数，否则返回−1 |

### 4. 定位文件

#### lseek 函数

| 头文件 | #include <sys/types.h><br>#include <unistd.h> |
|---|---|
| 函数原型 | off_t lseek(int fd, off_t offset, int whence); |
| 功能 | 重定位文件读写位置 |
| 参数 | fd 文件描述符<br>offset 移动的偏移量<br>whence 从何处开始计算偏移量 |
| 返回值 | 成功返回目前的读写位置，否则返回−1 |

where 参数的定义

| 参 数 定 义 | 值 | 含　义 |
|---|---|---|
| SEEK_SET | 0 | 将读写位置指向文件头后，增加 offset 字节的偏移量 |
| SEEK_CUR | 1 | 在目前的读写位置的基础上，增加 offset 字节的偏移量 |
| SEEK_END | 2 | 将读写位置指向文件尾后，增加 offset 字节的偏移量 |

**5．关闭文件**

当文件不再需要被读写时，调用 close 函数关闭文件。关闭操作需要将缓冲区中尚未保存的数据写入文件，清除进程中文件描述符表中对应的数据结构。当没有其他进程使用该文件时，内存中的 i 节点也将被释放。

close 函数

| 头文件 | #include <unistd.h> |
|---|---|
| 函数原型 | int close(int fd); |
| 功能 | 关闭文件 |
| 参数 | fd 文件描述符 |
| *返回值* | 成功返回 0，否则返回−1 |

## 6.2.2　标准输入输出文件的定义

对于由 Shell 创建的进程，在进程的文件描述符表中，有 3 个继承自父进程的已打开文件，文件描述符分别为 0、1 和 2，分别对应于标准输入、标准输出和标准错误输出。在 C 语言函数库中，从两个不同的层次对它们进行了定义。

**1．标准输入输出文件描述符的定义**

由系统级函数库中的 unistd.h 文件定义，数据类型为整型，供系统函数库中的函数使用，例如 open、read、write 和 close 等函数，在 unistd.h 文件中的定义如下。

```
#define   STDIN_FILENO   0
#define   STDOUT_FILENO  1
#define   STDERR_FILENO  2
```

**2．标准输入输出流的定义**

由标准 I/O 函数库中的 stdio.h 文件定义，数据类型为 FILE，供标准函数库的函数使用，例如 fopen、fread、fwrite 和 fclose 等函数。

## 6.2.3　编程实例

（1）从标准输入文件中读取字符，并将读取的字符输出至标准输出文件，如程序 6-1 所示。

程序 6-1　基于标准输入输出文件的读写操作

```
// exam6-1.c
#include <sys/types.h>
#include <sys/stat.h>
```

```
#include <fcntl.h>
#define BUFSIZ 200
int main()
{
    char buf[BUFSIZ];
    int n;
     while((n= read(STDIN_FILENO, buf,BUFSIZ)) > 0)
        write(STDOUT_FILENO, buf, n);
    exit(0);
}
```

（2）复制文件，代码如程序 6-2 所示。

程序 6-2　复制文件

```
// exam6-2.c
#include <stdio.h>
#include <fcntl.h>
#define PMODE 0644 // 权限的定义为  rw-r--r--
int   main(int    argc, char *argv[] ){
        int fdin, fdout, n;
        char buf[BUFSIZ];
         if(argc !=3) {
                fprintf(stderr, "Usage: %s filein fileout\n",argv[0]);
                exit(1);
        }
    if((fdin = open(argv[1],O_RDONLY)) == -1) {
                perror(argv[1]);
                exit(2);
        }
    if((fdout = open(argv[2],O_WRONLY | O_CREAT |
                        O_TRUNC, PMODE)) == -1) {
                perror(argv[2]);
                exit(3);
        }

        while((n = read(fdin, buf, BUFSIZ)) > 0)
                write(fdout,buf, n);
        exit(0);
}
```

在文件系统中复制一个文件，从内核实现的角度，首先在某目录文件中建立一个目录项，在

i 节点表中分配一空闲的 i 节点，在数据区分配若干空闲的逻辑块，在目录项中填写文件名和新分配的 i 节点编号，并填写该 i 节点中的各个域，最后根据源文件 i 节点中存放文件内容的逻辑块编号，逐一复制这些逻辑块到目标文件的相应逻辑块中。

从应用接口的角度，首先打开源文件和目标文件，接着循环从源文件中读入一定数量的数据，并写入目标文件，直至源文件结束，最后关闭源文件和目标文件。

（3）利用文件实现雇员信息的管理，输入雇员编号，输出雇员的相关信息，实现代码如程序 6-3 所示。

程序 6-3　随机读取文件

```c
// exam6-3.c
#include <fcntl.h>
#include <sys/types.h>
#include <unistd.h>
#define NAMESIZE 24
struct employee {
    char name[NAMESIZE];
    int  salary;
};
int main(int argc,char *argv[] ){
    int fd, recnum;
    struct employee record;
    if(argc < 2) {
        printf("Usage: %s file\n",argv[0]);
        exit(1);
    }
    if((fd= open(argv[1],O_RDONLY))== -1) {
        perror(argv[1]);
        exit(2);
    }
    for(;;) {
        printf("Enter record number: ");
        scanf("%d", &recnum);
        if(recnum < 0) break;
        lseek(fd, (long) recnum*sizeof(record),SEEK_SET);
        if(read(fd,(char *) &record, sizeof(record))>0)
            printf("Employee: %s\tSalary: %d\n",
                record.name,   record.salary);
        else
            printf("Record %d not found\n",recnum);
    }
```

```
        close(fd);
        exit(0);
    }
```

在程序 6-3 中，雇员信息由结构体 struct employee 定义，内容包括姓名和薪水。每个结构体变量中定义了不同雇员的信息，将若干个雇员信息依次存入文件中，雇员信息在文件中的位置用记录编号表示。打开雇员信息文件，输入雇员编号，便可读取并显示相应雇员的信息。

# 6.3　文件属性操作

## 6.3.1　获得文件属性

文件的属性信息存放于文件对应的 i 节点中。对于不同类型的文件系统，文件属性的组织形式也不尽相同。为了获得统一的文件属性格式，Linux 中定义了一个名为 struct stat 的数据结构，它的类型定义如下。

```
struct stat {
    dev_t st_dev;                  //文件的设备编号
    ino_t st_ino;                  // i 节点号
    mode_t st_mode;                //文件的类型和存取权限
    nlink_t st_nlink;              //硬链接
    uid_t st_uid;                  //用户 ID
    gid_t st_gid;                  //组 ID
    dev_t st_rdev;                 //设备类型
    off_t st_off;                  //文件字节数
    unsigned long st_blksize;      //块大小
    unsigned long st_blocks;       //块数
    time_t st_atime;               //最后一次访问时间
    time_t st_mtime;               //最后一次修改时间
    time_t st_ctime;               //最后一次改变时间(指属性)
    };
```

其中，st_mode 表示文件的类型和用户存取权限，为一个 2 字节无符号整数，如图 6-4 所示，第 12 至 15 共 4 位表示文件的类型，定义如下。

| 宏 定 义 | 数　值 | 文 件 类 型 |
|---|---|---|
| S_IFSOCK | 0140000 | socket 文件 |
| S_IFLNK | 0120000 | 符号链接 |
| S_IFREG | 0100000 | 普通文件 |

续表

| 宏 定 义 | 数 值 | 文 件 类 型 |
|---------|-------|-----------|
| S_IFBLK | 0060000 | 块设备文件 |
| S_IFDIR | 0040000 | 目录文件 |
| S_IFCHR | 0020000 | 字符设备文件 |
| S_IFIFO | 0010000 | 命名管道 |

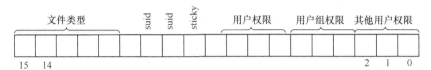

图 6-4  文件的类型和访问权限

st_mode 的第 0 位到第 8 位共 9 位，分为 3 组，分别为用户、用户组和其他用户，每组都由 3 位组成，依次定义为可读、可写和可执行，它们的定义参见 open 函数的 mode 参数。第 9 位到第 11 位共 3 位，赋予了特定的含义，它们的定义如下。

| 宏 定 义 | 数 值 | 含 义 |
|---------|-------|-------|
| S_ISUID | 04000 | 执行时，设置的用户 ID |
| S_ISGID | 02000 | 执行时，设置的用户组 ID |
| S_ISVTX | 01000 | 文件的 sticky 位 |

### stat 函数

| 头文件 | #include <sys/stat.h><br>#include <unistd.h> |
|--------|---------------------------------------------|
| 函数原型 | int stat(const char*pathname,struct stat*buf);<br>int fstat(int filedes,struct stat*buf);<br>int lstat(const char *pathname,struct stat*buf); |
| 功能 | 获取文件的属性信息，并将这些信息存入 stat 结构中<br>lstat 返回符号链接的有关信息,而不是符号链接引用的文件 |
| 参数 | pathname 文件的路径名<br>filedes 文件描述符<br>stat 存放文件的属性信息 |
| *返回值* | 成功返回 0，否则返回−1 |

stat 函数的目的是获得文件的属性信息，并将这些属性存入于 struct stat 结构中。

**实例分析**

运用 stat 函数显示文件各属性的含义，代码如程序 6-4 所示。

**程序 6-4  显示文件的属性信息**

```
// exam6-4.c
#include <sys/types.h>
```

```c
#include <sys/stat.h>
#include <pwd.h>
#include <grp.h>
#include <time.h>
// 显示文件类型和文件存取权限
prntmode(struct stat *stbuf)
{
    switch(stbuf->st_mode & S_IFMT) {
    case S_IFDIR:
        printf("directory\t");
        break;
    case S_IFCHR:
        printf("character special file\t");
        printf("special device: %d\t",stbuf->st_rdev);
        break;
    case S_IFBLK:
        printf("block special file\t");
        printf("special device: %d\t",stbuf->st_rdev);
        break;
    case S_IFREG:
        printf("regular file\t");
        break;
    case S_IFIFO:
        printf("named pipe\t");
        break;
    }
    if(stbuf->st_mode & S_ISUID)    printf("setuid\t");
    if(stbuf->st_mode & S_ISGID)    printf("setgid\t");
    if(stbuf->st_mode & S_ISVTX)    printf("sticky\t");
    printf("permissions: %o\n",stbuf->st_mode & 0777);
}
// 显示文件的属主用户和用户组
prntuser(struct stat *stbuf)
{
    struct passwd *pw, *getpwuid();
    struct group   *grp,*getgrgid();
    pw = getpwuid(stbuf->st_uid);
    printf("user ID: %d name: %s\t",stbuf->st_uid,pw->pw_name);
    grp = getgrgid(stbuf->st_gid);
```

```
        printf("group ID: %d group: %s\n",stbuf->st_gid,grp->gr_name);
}
// 显示文件与时间相关的属性
prntimes(struct stat *stbuf)
{
        char *ctime();
        printf("last access: \t\t%s", ctime(&stbuf->st_atime));
        printf("last modification: \t%s", ctime(&stbuf->st_mtime));
        printf("last status change: \t%s", ctime(&stbuf->st_ctime));
}
main(int argc,char *argv[])
{
        struct stat stbuf;
        if(stat(argv[1],&stbuf) == -1) {
                perror(argv[1]);
                exit(1);
        }
        printf("file name: %s\t\t",argv[1]);
        printf("device: %d\t",stbuf.st_dev);
        printf("i-number: %u\n",stbuf.st_ino);
        prntmode(&stbuf);
        printf("links: %d\t",stbuf.st_nlink);
        printf("file size: %ld\n",stbuf.st_size);
        prntuser(&stbuf);
        prntimes(&stbuf);
        exit(0);
}
```

## 6.3.2  修改文件存取权限

### chmod 函数

| 头文件 | #include<sys/type.h><br>#include<sys/stat.h> |
|---|---|
| 函数原型 | int chmod(const char * pathname,mode_t    mode); |
| 功能 | 设置文件的权限 |
| 参数 | pathname 文件的路径名<br>mode 权限 |
| *返回值* | 成功返回 0，否则返回−1 |

chmod 函数第二个参数 mode 的定义如下。

| 宏 | 宏的值（八进制） | 含　义 |
|---|---|---|
| S_ISUID | 04000 | 设置用户 ID 位 |
| S_ISGID | 02000 | 设置用户组 ID 位 |
| S_ISVTX | 01000 | 设置 sticky 位 |
| S_IRWXU | 0700 | 允许用户读、写和执行 |
| S_IRUSR | 0400 | 允许用户读 |
| S_IWUSR | 0200 | 允许用户写 |
| S_IXUSR | 0100 | 允许用户执行 |
| S_IRWXG | 0070 | 允许所属用户组读、写和执行 |
| S_IRGRP | 0040 | 允许所属用户组读 |
| S_IWGRP | 0020 | 允许所属用户组写 |
| S_IXGRP | 0010 | 允许所属用户组执行 |
| S_IRWXO | 0007 | 允许其他用户读、写和执行 |
| S_IROTH | 0004 | 允许其他用户读 |
| S_IWOTH | 0002 | 允许其他用户写 |
| S_IXOTH | 0001 | 允许其他用户执行 |

实例分析

编写一个程序，修改文件 test.txt 的权限，使所有者可读写，其他人可读，代码如程序 6-5 所示。

程序 6-5　修改文件 test.txt 的存取权限

```
// exam6-5.c
#include <stdio.h>
int    main(){
mode_t fdmode = (S_IRUSR | S_IWUSR | S_IRGRP | S_IROTH);
        if(chmod("test.txt",fdmode) == -1) {
                printf("error\n");
                exit(1);
        }
        exit(0);
}
```

## 6.3.3　改变文件的属主和属组

### chown 函数

| 头文件 | #include <unistd.h> |
|---|---|
| 函数原型 | int chown(const char * path, uid_t owner,gid_t group); |
| 功能 | 更改文件的所有者和所属组 |

| 参数 | path 文件的路径名<br>owner 新用户 ID<br>group 新用户组 ID |
|------|------|
| 返回值 | 成功返回 0，否则返回−1 |

**实例分析**

编写一程序，改变文件的属主用户和所属用户组，代码如程序 6-6 所示。

程序 6-6　改变文件的属主用户和所属用户组

```c
// exam6-6.c
#include <sys/types.h>
#include <sys/stat.h>
int main(int argc, char *argv[] ){
        struct stat stbuf;
        if(argc < 3) {
                printf("Usage: %s other-file your-file\n",argv[0]);
                exit(1);
        }
        if(stat(argv[1], &stbuf) == -1) {
                perror(argv[2]);
                exit(2);
        }
        if(chown(argv[2], stbuf.st_uid, stbuf.st_gid) == -1) {
                perror(argv[2]);
                exit(3);
        }
        exit(0);
}
```

# 6.4　目 录 操 作

从用户的角度，文件系统是由目录和文件构成的集合。每个目录可包含若干文件和子目录，每个子目录有唯一的父目录。从整体上看，文件系统对应一棵由目录和文件构成的树。从文件系统的内部看，其结构如图 6-5 所示，目录是一种特殊的文件，其内容由若干目录项组成，一个目录项包含文件名和 i 节点号。目录中存放的是文件的名称和 i 节点的入口地址，为了便于管理，每个目录中都包含当前目录"."和父目录".."，当前目录指向当前目录的 i 节点编号，父目录则记录了父目录对应的 i 节点的编号。根据这些信息，可以从上而下或从下而上遍历目录树。

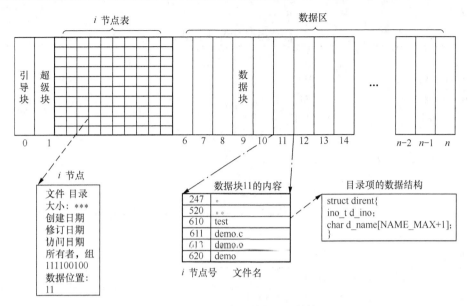

图 6-5　ext2 文件系统的目录结构

# 6.4.1　目录操作

## 1. 创建目录

mkdir 函数

| 头文件 | #include <sys/types.h><br>#include <stat.h> |
|---|---|
| 函数原型 | int mkdir(const char* pathname, mode_t mode); |
| 功能 | 创建目录 |
| 参数 | pathname 目录路径名<br>mode 创建目录的模式，参见 open 函数 |
| *返回值* | 成功返回 0，否则返回-1 |

mkdir 在某目录中创建一个目录项，分配一个 i-节点与目录项相链接，并分配一个逻辑块用于存放目录的内容，在其中建立两个目录项，当前目录 "." 和父目录 ".."。

## 2. 删除目录

rmdir 函数

| 头文件 | #include <unistd.h> |
|---|---|
| 函数原型 | int rmdir(const char * pathname) ; |
| 功能 | 删除空目录 |
| 参数 | pathname 目录的路径名 |
| *返回值* | 成功返回 0，否则返回-1 |

rmdir 函数从目录中删除相应的目录项，并释放相应的 i 节点，需要注意的是：rmdir 函数只能删除空目录，也就是目录中只包含当前目录项和父目录项的目录。

### 实例分析

创建一个名为 mydir 的目录，并赋予 rwx------的存取权限，代码如程序 6-7 所示。

程序 6-7　创建目录

```
// exam6-7.c
#include <sys/types.h>
#include <sys/stat.h>
int    main(void)
{
mkdir("my/dir", 0700); //权限为 rwx------
exit(0);
}
```

### 3. 改变工作目录

chdir 函数

| 头文件 | #include    <unistd.h> |
|---|---|
| 函数原型 | int chdir(const char * pathname) ; |
| 功能 | 改变调用进程的工作路径 |
| 参数 | pathname 新的工作路径 |
| *返回值* | 成功返回 0，否则返回−1 |

当前工作目录的信息以 i 节点的形式记录在每个进程的进程控制块中，初始工作目录继承自父进程，进程在运行过程中可以改变工作目录。pwd 命令显示的是 Shell 的当前工作目录。一般情况下，进程的初始化工作目录来自运行该进程的 Shell 的当前工作目录。

### 4. 获得当前工作目录

getcwd 函数

| 头文件 | # include    <unistd.h> |
|---|---|
| 函数原型 | char *getcwd(char   *buf,   size_t size); |
| 功能 | 获得调用者进程的当前路径 |
| 参数 | buf 存放路径的缓冲区<br>size 路径名包含的字节数 |
| *返回值* | 成功返回 0，否则返回−1 |

#### 实例分析

编写一个程序，改变当前进程的工作目录，代码如程序 6-8 所示。

程序 6-8　改变当前进程的工作目录

```
// exam6-8.c
#include     <unistd.h>
#include     <stdio.h>
int     main(void)
{
    if (chdir("/tmp") < 0)        // 将当前工作目录改变为/tmp
```

```
        printf("chdir failed");
    printf("chdir to /tmp succeeded\n");
    exit(0);
}
```

假设上述程序经编译后生成可执行文件 mychdir，子进程将继承父进程的运行环境，其中包括当前工作目录，但子进程工作目录的改变不会影响父进程，观察下列命令的运行结果。

| | |
|---|---|
| $ pwd | #显示 Shell 当前的工作目录 |
| /usr/tom | # Shell 当前的工作目录为/usr/tom |
| $ ./mychdir | # mychdir 运行时将继承父进程的工作目录/usr/tom |
| chdir to /tmp succeeded | # mychdir 已成功将工作目录改变为/tmp |
| $ pwd | # Shell 重新获得控制权，显示当前工作目录 |
| /usr/tom | # Shell 工作目录仍然为/usr/tom |

## 6.4.2　浏览目录中的文件

目录是一种特殊的文件，在读取其中的目录项时，需借助于 opendir、readdir 和 closedir 函数。在这些函数中，对目录项的定义如下。

```
struct dirent
    {
    long d_ino;                    //i 节点号
    char d_name[NAME_MAX+1];       //文件名
    off_t d_off;                   //在目录文件中的偏移量
    unsigned short d_reclen;       //文件名长度
    }
```

### 1. 打开目录
opendir 函数

| 头文件 | #include <sys/types.h><br>#include <dirent.h> |
|---|---|
| 函数原型 | DIR * opendir(const char *pathname); |
| 功能 | 打开目录 |
| 参数 | pathname 目录路径名 |
| *返回值* | 成功返回目录流，即一组目录字符串，否则返回错误 |

### 2. 读目录
readdir 函数

| 头文件 | #include <sys/types.h><br>#include <dirent.h> |
|---|---|
| 函数原型 | struct dirent *readdir(DIR *dp); |
| 功能 | 读目录 |
| 参数 | dp 打开的目录文件句柄 |
| *返回值* | 成功返回下一个目录项 |

### 3. 关闭目录

closedir 函数

| 头文件 | #include <sys/types.h><br>#include <dirent.h> |
|---|---|
| 函数原型 | int closedir(DIR *dp); |
| 功能 | 关闭打开的目录 |
| 参数 | dp 目录文件句柄 |
| *返回值* | 成功返回 0，否则返回−1 |

### 实例分析

编写一个程序，浏览目录中的所有文件名，其中包括子目录名，代码如程序 6-9 所示。

程序 6-9  浏览目录中的所有文件名

```c
// exam6-9.c
#include <stdio.h>
#include <stdlib.h>
#include <string.h>
#include <dirent.h>
#include <errno.h>
int    main(int argc, char *argv[])
{
   DIR *dirp;
   struct dirent    *direntp;
if((dirp = opendir(argv[1])) == NULL) {
    fprintf(stderr,"error message: %s\n",strerror(errno)); //显示错误信息
     exit(1);
   }
while((direntp = readdir(dirp)) != NULL)
    printf("%s\n", direntp->d_name);
closedir(dirp);
exit(0);
}
```

程序 6-9 中，errno 是一个全局变量，定义在 errno.h 中，用于存放错误信息，strerror 函数返回 errno 对应的字符串。

# 6.5  标准 I/O 库

## 6.5.1  标准 I/O 库概述

在运用 read 和 write 等底层系统调用函数进行输入输出时，需要在用户态和内核态之间来回

切换。如果每次读出或写入的数据量较少，必然导致频繁的 I/O 操作，增加了系统开销，从而降低了程序的运行效率。与 UNIX 一样，在 Linux 系统中，glibc 提供了一系列的标准函数库，标准 I/O 库便是其中之一，它是由一系列函数构成的集合。

标准 I/O 库是标准 ANSI C 规范的一部分，函数原型在文件 stdio.h 中定义，它对底层 I/O 系统调用进行了封装，为程序员提供了带有格式转换功能的输入输出操作，并在用户空间增加了缓冲区管理，这样可减少应用程序与输出设备之间 I/O 的次数，从而提高系统的效率。其结构如图 6-6 所示。

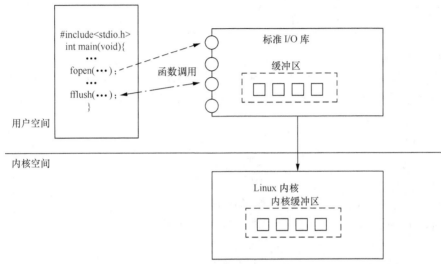

图 6-6　标准 I/O 库的体系结构

## 6.5.2　文件操作

标准输入输出库中的函数主要包括 fopen、fclose、fread、fwrite、fflush、fseek、fgetc、getc、getchar、fputc、putc、putchar、fgets、gets、printf、fprintf 和 sprintf 等，本节只介绍其中的部分函数。

### 1. 打开文件

fopen 函数

| 头文件 | #include <stdio.h> |
| --- | --- |
| 函数原型 | FILE * fopen(const char * path,const char * mode); |
| 功能 | 打开文件 |
| 参数 | path 要打开的文件路径<br>mode 打开模式 |
| 返回值 | 成功返回指向被打开文件流指针，否则返回 NULL |

fopen 函数的第二个参数 mode 的定义如下。

| 打 开 模 式 | 含　　义 |
| --- | --- |
| r | 只读，打开已有文件 |
| w | 只写，创建或打开文件，覆盖已有文件 |
| a | 追加，创建或打开文件，在已有文件末尾追加 |

续表

| 打 开 模 式 | 含　义 |
|---|---|
| r+ | 读写，打开已有文件 |
| w+ | 读写，创建或打开文件，覆盖已有文件 |
| a+ | 读写，创建或打开文件，在已有文件末尾追加 |
| t | 按文本方式打开（缺省） |
| b | 按二进制方式打开 |

### 文件和流（stream）

当用 fopen 打开或创建一个文件时，则称将打开的文件与一个流相关联。流将文件看成由若干个字节构成的序列，用 FILE 数据结构表示，其中包括文件描述符、缓冲区、缓冲区大小和已存入数据等。FILE 的定义如下。

```
typedef struct {
    short           level;           // 缓冲区满空程度
    unsigned        flags;           // 文件状态标志
    char            fd;              // 文件描述符
    unsigned char   hold;            // 无缓冲则不读取字符
    short           bsize;           // 缓冲区大小
    unsigned char *buffer;           // 数据缓冲区
    unsigned char *curp;             // 当前位置指针
    unsigned        istemp;          // 临时文件指示器
    short           token;           // 用于有效性检查
} FILE;
```

在标准 I/O 函数库中，提供了两种类型的流：文本流和二进制流。文本流是一行行的字符，换行符表示一行的结束。二进制流则不考虑读写数据的格式转换，将文件看作由一系列字节构成的字节序列。

在标准 I/O 函数库中，存在三个预定义的文本流，它们分别是 stdin、stdout 和 stderr、stdin 指向标准输入流，对应于键盘；stdout 指向标准输出流，对应于终端显示器；stderr 指向标准错误输出流，通常对应于终端显示器。

### 实例分析

运用标准 I/O 库中的 fopen 函数打开文件，代码如程序 6-10 所示。

程序 6-10　运用标准 I/O 库打开文件

```
// exam6-10.c
#include <stdio.h>
main()
{
FILE *fpt;
fpt=fopen("output.txt","w");     // 创建流
```

```
fprintf(fpt,"This is a test.");        // 输入字符串至流
fclose(fpt);                           // 关闭流
}
```

## 2. 读文件

### fread 函数

| 头文件 | #include <stdio.h> |
| --- | --- |
| 函数原型 | size_t fread(void *buffer, size_t size, size_t nitems, FILE *inf); |
| 功能 | 从文件流中读取数据 |
| 参数 | buffer 存放读取数据的缓冲区<br>size 要读取数据的字节数<br>nitems 要读取的数量<br>FILE 一个已打开的文件流 |
| *返回值* | 成功则返回读取的字节数 |

### 实例分析

运用标准 I/O 函数库的 fread 函数从文件中读取数据，代码如程序 6-11 所示。

### 程序 6-11　运用标准 I/O 库读文件

```
// exam6-11.c
#include <stdio.h>
main()
{
FILE *fpt;
char text[80];
fpt=fopen("data.txt","r");
fread(text,1,15,fpt);
text[15]=0;
printf("%s\n",text);
fclose(fpt);
}
```

## 3. 写文件

### fwrite 函数

| 头文件 | #include <stdio.h> |
| --- | --- |
| 函数原型 | size_t fwrite(const void *buffer, size_t size, size_t nitems, FILE *outf); |
| 功能 | 向文件流写入数据 |
| 参数 | buffer 存放输出数据的缓冲区<br>size 要输出数据的字节数<br>nitems 要输出的数量<br>FILE 一个已打开的文件流 |
| *返回值* | 成功则返回实际写入文件的字节数 |

### 实例分析

运用标准 I/O 函数库的 fwrite 函数向文件流写入数据，代码如程序 6-12 所示。

**程序 6-12　运用标准 I/O 库写文件**

```
// exam6-12.c
#include <stdio.h>
main()
{
FILE *fpt;
char text[80];
sprintf(text,"Fortytwo 42 bytes of data on the wall...");
fpt=fopen("data2.txt","w");
fwrite(text,1,strlen(text),fpt);
fclose(fpt);
}
```

### 4. 关闭文件

fclose 函数

| 头文件 | #include <stdio.h> |
|---|---|
| 函数原型 | int fclose(FILE *fp); |
| 功能 | 关闭文件流 |
| 参数 | FILE 一个已打开的文件流 |
| *返回值* | 成功返回 0，否则返回−1 |

## 6.5.3　格式化输入与输出

格式化输入和输出的功能是将数据按类型的格式写入至文件和从文件中取出，在标准 I/O 库中，与格式化输出相关的函数有 printf、fprintf 和 sprintf；与格式化输入相关的函数有 scanf 和 fscanf。格式的转换通过转换控制符来实现。

### 1. 格式化输出

fprintf 函数

| 头文件 | #include <stdio.h> |
|---|---|
| 函数原型 | int fprintf(FILE *stream, const char *format, ...); |
| 功能 | 将缓冲区的数据经格式转换后写入文件 |
| 参数 | stream 一个已打开的文件流指针<br>format 输出控制字符串 |
| *返回值* | 成功返回写入的字节数，否则返回−1 |

fprintf 函数的第二个参数 format 中的格式转换控制符的定义如下。

| 格　　式 | 含　　义 |
|---|---|
| %i,%d | 以十进制格式输出 |
| %c | 输出字符 |
| %s | 输出字符串 |
| %f | 以小数点表示的浮点数格式输出 |
| %e | 以指数表示的浮点数格式输出 |
| %g | 自动选择以小数点表示或指数表示的浮点数 |
| %o | 以八进制格式输出 |
| %x | 以十六进制格式输出 |
| %p | 以十六进制格式输出指针 |

fprintf 函数的第二个参数 format 中转义符的定义如下。

| 字　　符 | 十六进制值 | 含　　义 |
|---|---|---|
| \a | \x07 | 发出一声哔的声音（beep） |
| \b | \x08 | 回退（backspace） |
| \f | \x0c | 跳页（form-feed） |
| \n | \x0a | 换行（new-line） |
| \r | \x0d | 无换行的回车（return） |
| \t | \x09 | Tab 定位(水平) |
| \v | \x0b | Tab 定位(垂直) |
| \\ | \x5c | 打印反斜线 \ 字符 |
| \' | \x27 | 打印单引号 ' 字符 |
| \" | \x22 | 打印双引号 " 字符 |

**实例分析**

运用标准 I/O 函数库中的格式化输出函数输出圆的面积，代码如程序 6-13 所示。

程序 6-13　运用格式化输出函数输出圆面积

```c
// exam6-13.c
#include <stdio.h>
main(){
    FILE *fp;
    float area,p=3.141592;
    int r;
    if((fp=fopen("sample","w"))==NULL){
        printf("Error opening file !\n");
        exit(0);
    }
    fprintf(fp,"Radius Area\n");
```

```
    for(r=1;r<10;r++){
        area=p*r*r;
        fprintf(fp,"%4d %7f\n",r,area);
    }
    fclose(fp);
}
```

### 2. 格式化输入

fscanf 函数

| 头文件 | #include <stdio.h> |
|--------|---------------------|
| 函数原型 | int fscanf(FILE *stream, const char *format, ...); |
| 功能 | 从一个流中执行格式化输入 |
| 参数 | stream 已打开的文件流<br>format 输入控制字符串 |
| *返回值* | 成功，返回被赋值的数目 |

实例分析

（1）运用标准 I/O 函数库的格式化输入函数从文件中读取数据，代码如程序 6-14 所示。

程序 6-14　运用格式化输入函数从文件中读取数据

```
// exam6-14.c
#include <stdio.h>
main()
{
FILE *fpt;
int x;
char text[80];
fpt=fopen("data.txt","r");
fscanf(fpt,"%s",text);
printf("%s\n",text);
fscanf(fpt,"%d",&x);
printf("%s\n",x);
fclose(fpt);
}
```

（2）运用标准 I/O 函数库的格式化输入函数从标准输入流中获取数据，代码如程序 6-15 所示。

程序 6-15　运用格式化输入函数从标准输入流中获取数据

```
// exam6-15.c
#include <stdio.h>
```

```
main()
{
char s[80];
int x=42;
scanf("%s",s);
fscanf(stdin,"%s",s);
printf("%d is a nice number\n",x);
fprintf(stdout,"%d is a nice number\n",x);
}
```

## 6.5.4 刷新缓冲区

### fflush 函数

| 头文件 | #include <stdio.h> |
| --- | --- |
| 函数原型 | int fflush(FILE * stream); |
| 功能 | 将缓冲区中的数据写入文件 |
| 参数 | stream 文件流 |
| 返回值 | 成功返回 0，否则返回 EOF |

使用该函数可将缓冲区中的数据真正写入文件。需注意的是，调用 fclose 函数隐含执行了一次 fflush 操作，因此不必在执行 fclose 函数之前调用 fflush。

实例分析

（1）将字符串 "hello" 逐个字符用 printf 输出至缓冲区，最后用 fflush 将字符串输出至标准输出流，代码如程序 6-16 所示。

程序 6-16　演示 fflush 函数的作用

```
// exam6-16.c
#include <stdio.h>
int main()
{
    printf("h");
    printf("e");
    printf("l");
    printf("l");
    printf("o");
    printf("\n");
    fflush(stdout);
    exit(0);
}
```

观察上述程序的系统调用如下。

$ strace hello

execve("./hello", ["hello"], [/* ... */]).

...

write(1, "hello\n", 6) ;

_exit(0)

通过追踪程序执行时的系统调用信息可知, printf 函数将字符存入了缓冲区, 通过 fflush 函数调用内核 write 函数将缓冲区的数据写入文件, 其过程如图 6-7 所示。

（2）通过延迟函数演示 printf 将字符输入至缓冲区, 代码如程序 6-17 所示。

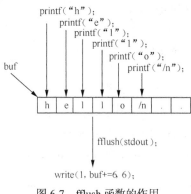

图 6-7　fflush 函数的作用

程序 6-17　输出字符至缓冲区

```
// exam6-17.c
#include <stdio.h>
main()
{
int i;
for (i=0; i<5; i++)
  {
  printf("i=%d    ",i);
  sleep(2);
  }
}
```

程序 6-17 在运行过程中, 并不立刻将输出至终端的字符串显示在屏幕上, 而是在系统延迟 10 秒后, 在程序退出时, 调用 fflush 函数将输出字符串显示至终端。

（3）演示 fflush 函数的作用, 将缓冲区的数据写入文件, 代码如程序 6-18 所示。

程序 6-18　演示 fflush 函数的作用

```
// exam6-18.c
#include <stdio.h>
main()
{
int i;

for (i=0; i<5; i++)
  {
  printf("i=%d ",i);
  fflush(stdout);
```

```
    sleep(1);
  }
}
```

# 6.6　I/O 重定向

## 6.6.1　文件描述符

Linux 系统中，进程拥有各自打开文件的描述符。通常，文件描述符按生成的顺序存放在文件描述符表中。Linux 内核将文件描述符表用一维数组描述，每个打开的文件占用一个单元，用于存放存取文件的必要信息，例如读写操作的当前位置、文件的打开方式和文件操作集等。进程在打开一个文件时，返回的是文件描述符所在数组的下标，称为文件描述符。通常，创建子进程时，子进程从父进程继承某些资源，其中包含文件描述符表，前 3 个文件描述符 0、1 和 2 分别对应为标准输入、标准输出和标准错误输出，通常已被打开，它们实际是三个相同的复制，与进程环境中的控制终端设备对应。因此，在对这些设备进行读写操作时，不需要重新打开。一个文件可以同时被多个进程打开，它在不同进程中对应的文件描述符未必相同，不同进程对该文件的操作状态也不尽相同。

## 6.6.2　I/O 重定向

应用程序根据打开文件的描述符对文件进行读写操作，真正完成读写操作的是进程描述符表相应位置中的内容，如果某位置中的内容被另一个打开的文件替换，则对文件的读写方向就会发生变化。例如，将进程文件描述符表中 1 号单元的内容替换为打开的文件 test，则进程在向标准输出文件输出信息时，原本数据应显示在终端显示器上，而现在却将这些数据输出至文件 test。这种现象称为输出重定向。类似地，若将进程描述符表中 0 号单元的内容替换为打开的文件 test，当进程从标准输入文件读取数据时，原本应从键盘上读入的数据，转而从文件 test 中读入，这种现象称为输入重定向。

## 6.6.3　实现重定向的方法

### 1. open-close-open
将标准输入定向到文件

Linux 内核在为进程打开文件分配描述符时，从下标 0 开始扫描进程的文件描述符表，若找到空闲的单元，则将打开文件的信息置于其中，并将该下标作为打开文件的描述符。基于这一思想，可通过 open-close-open 的方法实现重定向。例如，对于输入重定向，由于标准输入文件已打开，因此可以直接将标准输入文件关闭，此时，进程文件描述符表中第 0 号单元成为空闲单元，在这种情况下，进程打开另一文件时，内核将文件描述符表的第 0 号单元分配给打开的文件，并返回描述符 0，从而实现了输入重定向。

### 实例分析
运用 open-close-open 方法，将标准输入重定向至文件/etc/passwd，代码如程序 6-19 所示。

程序 6-19　标准输入到文件的重定向

```c
// exam6-19.c
#include <stdio.h>
#include <fcntl.h>
main(){
    int fd ;
    char line[100];
    fgets( line, 100, stdin ); printf("%s", line );
    fgets( line, 100, stdin ); printf("%s", line );
    fgets( line, 100, stdin ); printf("%s", line );
    close(0);
    fd = open("/etc/passwd", O_RDONLY);
    if ( fd != 0 ){
        fprintf(stderr,"Could not open data as fd 0\n");
        exit(1);
    }
    /* read and print three lines */
    fgets( line, 100, stdin ); printf("%s", line );
    fgets( line, 100, stdin ); printf("%s", line );
    fgets( line, 100, stdin ); printf("%s", line );
}
```

## 2. 通过系统调用实现重定向

Linux 内核提供了对 I/O 的重定向的支持，用户可通过系统调用 dup 或 dup2 函数进行输入输出重定向。

### dup 函数

| 头文件 | #include <unistd.h> |
| --- | --- |
| 函数原型 | int dup(int oldfd); |
| 功能 | 复制一个文件描述符 |
| 参数 | oldfd 需要复制的文件描述符 |
| *返回值* | 成功返回一个新描述符，否则返回-1 |

dup 函数的功能是从进程文件描述符表中寻找一个可用的最小描述符，并复制 oldfd 描述符对应的 file 结构指针。

### dup2 函数

| 头文件 | #include <unistd.h> |
| --- | --- |
| 函数原型 | int dup2(int oldfd, int newfd); |
| 功能 | 复制一个文件描述符 |
| 参数 | oldfd 需要复制的文件描述符<br>newfd 需复制 olfd 的新的文件描述符 |
| *返回值* | 成功返回一个新描述符，否则返回-1 |

dup2 函数的作用是：若文件描述符 newfd 已打开，则先关闭 newfd，然后复制 oldfd 至 newfd，使 newfd 也指向文件 oldfd，此时文件描述符 oldfd 和 newfd 共享同一个文件。

dup 和 dup2 都可以用来复制一个现存的文件描述符，使两个文件描述符指向同一个 file 结构体，并且 file 结构体的引用计数是 2。此时，打开文件的状态保存在同一份 file 结构体中，而使用 open 函数两次打开同一个文件不同，存在两份 file 结构体，分别有各自的状态。

实例分析

（1）运用 dup2 函数编写一个程序，在程序中执行 ls 命令，将 ls 的标准输出重定向到文件 ls.txt，代码如程序 6-20 所示。

程序 6-20　运用 dup2 函数实现输出重定向

```
// exam6-20.c
#Include <unistd.h>
#include <stdio.h>
int main ()
    {
    int fileId;
    fileId = creat( "ls.txt",0640 );
  if( fileId < 0 )
        {
        fprintf( stderr, "error creating ls.txt\n" );
        exit (1);
        }
    dup2( fileId, 1 );              // 重新定义标准输出
    close( fileId );
    execl( "/bin/ls", "ls", 0 );
}
```

（2）阅读下列程序 6-21，给出代码的运行结果。

程序 6-21　dup 和 dup2 函数的应用实例

```
// exam6-21.c
#include <stdio.h>
#include <fcntl.h>
    main() {
        int fd1, fd2, fd3;
        fd1 = open( "test.txt", O_RDWR | O_TRUNC ); //fd1=3
        printf("fd1 = %d\n", fd1 );
        write( fd1, "what's ", 6 );        // 写入文件 test.txt
        fd2 = dup(fd1);                     // 复制文件描述符 fd1,fd2=4
        printf( "fd2=%d\n", fd2);
        write( fd2, "up", 3 );             // 写入文件 test.txt
```

```
        close(0);                    // 关闭标准输入
        fd3 = dup(fd1);              // 复制文件描述符 fd1,fd3=0
        printf("fd3 = %d\n", fd3);
        write(0, " doc", 4);         // 将" doc"写入文件 test.txt 中
        dup2(3,2);                   // 关闭标准错误输出并赋值 fd1
        write(2, "\n", 2 );          // 写入文件 test.txt
    }
```

# 第7章
# Linux 信号

# 7.1  信 号 概 述

在 Linux 系统中，进程拥有系统中的多种资源。各进程间除了共享内核外，所拥有的其他诸多资源彼此独立。例如，进程拥有独立的用户地址空间和打开的文件描述符表等。一个进程不能直接访问其他进程的用户地址空间，也不能读写其他进程打开的文件，进程只能操作自身拥有的资源。在实际应用中，一个系统或子系统通常由多个进程协同完成，各进程间往往需要通信，例如，传送数据、共享数据、同步控制和通知事件发生等。为了满足这些要求，Linux内核实现了对信号、管道和 IPC 的支持。本章将围绕信号，介绍信号的概念、应用编程接口及其使用方法。

## 7.1.1  信号的概念

信号是内核与进程间通信的一种方式。内核为每个进程定义了多种信号，并定义了这些信号的处理方式。用户也可根据需要对信号的处理方式进行重新定义。信号与中断不同，中断由硬件产生，并通知内核，内核对中断的处理方式事先进行了定义；而信号则是由内核产生，并发送给一个或一组进程的短消息，用一个特定的数字表示，不同的数字表示不同的信号，信号的作用是表示某种事件的发生。

## 7.1.2  应用编程接口

本节主要讨论 Linux 环境下的信号，对每一种信号的定义、产生背景和处理方式进行详细介绍，并通过实例介绍信号的应用编程接口的使用方法，表 7-1 给出了与信号相关的应用编程接口函数及其功能描述。

表 7-1　　　　　　　　　　与信号相关的应用编程接口函数及其功能描述

| 分　类 | API | 功　能　描　述 |
|---|---|---|
| 信号的定义 | signal | 定义信号的处理方式 |
| | sigaction | 指定一个信号的处理方式 |
| | sigemptyset | 清空信号集 |
| | sigfillset | 在信号集中加入所有信号 |

| 分　类 | API | 功　能　描　述 |
|---|---|---|
| 信号的定义 | sigaddset | 加入一个信号至信号集 |
| 信号的定义 | Sigdelset | 从信号集中删除一个信号 |
| | sigismember | 判断信号是否在信号集中 |
| | sigprocmask | 修改当前的信号掩码 |
| 发送信号 | kill | 向进程发送信号 |
| | raise | 向进程本身发送信号 |
| | abort | 向进程发送 SIGABORT 信号 |
| | sigqueue | 发送实时信号 |
| 定时器 | sleep | 进程挂起一段时间 |
| | alarm | 设定计时器 |
| | pause | 等待信号 |
| | getitimer | 获得间隔计时器的值 |
| | setitimer | 设置间隔定时器 |

# 7.2　Linux 系统中的信号

## 7.2.1　Linux 系统中的信号

Linux 内核共定义了 31 种非实时的信号，为每种信号定义了缺省的处理动作，包括结束进程、写入内核文件、停止进程和忽略；POSIX 标准中引入了新的实时信号，在 Linux 内核中的表示范围为 32 到 63，Linux 内核对信号的定义如表 7-2 所示。

表 7-2　　　　　　　　　　　　　　　　Linux 内核信号的定义

| 值 | 信号 | 动作 | 含义 | 标准 |
|---|---|---|---|---|
| 1 | SIGHUP | A | 与终端的连接断开 | POSIX |
| 2 | SIGINT | A | 按 Ctrl+C 组合键，中断进程 | ANSI |
| 3 | SIGQUIT | A | 按退出键 Ctrl+\，并生成 core 文件 | POSIX |
| 4 | SIGILL | A | 非法指令 | ANSI |
| 5 | SIGTRAP | CG | 跟踪自陷 | POSIX |
| 6 | SIGABRT/ | C | 调用 abort 函数产生 | 4.2 BSD |
| 7 | SIGBUS | AG | 总线错误 | 4.2 BSD |
| 8 | SIGFPE | C | 浮点异常 | ANSI |
| 9 | SIGKILL | AEF | 杀死进程（不可屏蔽） | POSIX |

续表

| 值 | 信号 | 动作 | 含义 | 标准 |
|---|---|---|---|---|
| 10 | SIGUSR1 | A | 用户自定义信号 | POSIX |
| 11 | SIGSEGV | C | 段非法错误 | ANSI |
| 12 | SIGUSR2 | A | 用户定义信号 | POSIX |
| 13 | SIGPIPE | A | 管道读写错误 | POSIX |
| 14 | SIGALRM | A | 调用 alarm 函数产生的时钟信号 | POSIX |
| 15 | SIGTERM | A | 由 kill 命令发送，终止进程 | ANSI |
| 16 | SIGSTKFLT | AG | 栈故障相关信号 | |
| 17 | SIGCHLD | B | 告知父进程，子进程终止或停止 | POSIX |
| 18 | SIGCONT | | 使进程继续运行 | POSIX |
| 19 | SIGSTOP | DEF | 暂停进程的执行 | POSIX |
| 20 | SIGTSTP | D | 终端上按下 Ctrl+Z 组合键，信号发送给前台进程 | POSIX |
| 21 | SIGTTIN | D | 后台进程试图读取终端时，产生该信号；除非读进程所属进程组为孤儿进程组 | POSIX |
| 22 | SIGTTOU | D | 后台进程试图写终端时，产生该信号；除非写进程所属进程组为孤儿进程组 | POSIX |
| 23 | SIGURG | AG | Socket 出现紧急条件 | POSIX |
| 24 | SIGXCPU | AG | CPU 时间限制超时 | 4.2 BS |
| 25 | SIGXFSZ | AG | 超过文件最大长度限制 | 4.2 BS |
| 26 | SIGVTALRM | AG | setitimer 函数设置的虚拟间隔时间到 | 4.2 BS |
| 27 | SIGPROF | AG | setitimer 函数设置的实用间隔时间到 | 4.2 BS |
| 28 | SIGWINCH | BG | 当终端窗口改变大小时 | 4.3BSD, Sun |
| 29 | SIGIO | | 指示一个异步 I/O 事件 | 4.2 BSD |
| 30 | SIGPWR | | 当停电时 | System V |

其中，信号默认处理方式的定义如下。

| 符　　号 | 含　　义 |
|---|---|
| A | 结束进程 |
| B | 忽略信号 |
| C | 结束进程并写入内核文件 |
| D | 停止进程 |
| E | 信号不能被捕获 |
| F | 信号不能被忽略 |
| G | 非 POSIX 信号 |

## 7.2.2 信号的分类

### 1. 不可靠信号

Linux 源自 UNIX,早期 UNIX 对信号的处理比较简单,在后来的实际应用中暴露出一些问题。例如,每次在完成对信号的处理后,将该信号的处理方式重新设置为默认值,这可能导致在尚未设置信号处理的情况下,由于信号的到达,从而产生不正确的信号处理。当有多个相同信号同时到达时,系统将对相同信号进行合并,这会造成信号的丢失。因此,将早期信号值小于 32 的信号称为不可靠信号。

### 2. 可靠信号

考虑到与建立在早期信号处理机制上应用程序的兼容性,定义了一些新的可靠信号。可靠信号的信号值在 32 至 63 之间,也称为实时信号。可靠信号支持信号的排队,信号不会丢失,也是 POSIX 标准的一部分。POSIX 对可靠信号机制做了标准化,但 POSIX 只对可靠信号的功能和应用接口做了标准化,对信号机制的实现没有作具体的规定,因此不同系统可有各自的实现方式。

## 7.2.3 Linux 信号的产生

信号由内核生成,信号的生成与事件的发生密切相关。可将事件的发生源分为如下三类。

### 1. 用户

当用户在键盘上输入 Ctrl+C 或 Ctrl+\等特殊字符组合时,终端驱动程序将通知内核产生信号,发送至相应的进程。

### 2. 内核

内核在执行过程中,遇到非法指令和浮点数溢出等情况时,将产生相应的信号,并发送至对应的进程。

### 3. 进程

一个进程调用 kill 函数向另一个进程发送信号,进行进程间通信。

## 7.2.4 信号的处理方式

通常,Linux 为每个信号定义了缺省的处理方式,不同信号的处理方式不尽相同,这些处理方式包括忽略信号和终止进程等,但用户可根据自身需要,对信号的处理方式进行重新定义。

## 7.2.5 信号的处理流程

内核在接收到信号后,未必马上对信号进行处理,而是选择在适当的时机,例如在中断、异常或系统调用返回时,以及在将控制权切换至进程之际,处理所接收的信号。但对于用户进程,进程在收到信号后,暂停代码的执行,保存当前的运行环境,转而执行信号处理程序,在信号处理结束后,恢复中断点的运行环境,按正常流程继续执行。

# 7.3 信号的定义

如果需要重新定义信号的处理方式,必须重新建立信号值与处理方式的对应关系。Linux 提供了两个函数实现信号的设置，分别为 signal 和 sigaction 函数。其中，signal 函数主要用于前 32 种不可靠信号行为的设置，不支持信号传递数据；sigaction 函数支持信号传递数据，通常与 sigqueue 函数配合使用。

## 7.3.1 设置信号的行为

signal 函数

| 头文件 | #include <signal.h> |
|---|---|
| 函数原型 | void (*signal(int signum,void(* handler)(int)))(int); |
| 功能 | 定义信号的处理方式 |
| 参数 | signum 需设置的信号 |
| | handler 信号的处理方式 |
| | SIG_DFL 默认信号处理 |
| | SIG_IGN 忽略信号 |
| | Handler 新信号处理函数 |
| *返回值* | 成功返回最后一次设置信号 signum 而调用 signal 函数时的 handler 值，否则返回 SIG_ERR |

**注意：**信号 SIGKILL 和 SIGSTOP 不能被重新定义或忽略

**实例分析**

（1）运用 signal 函数对信号 SIGINT 进行重新定义，当信号 SIGINT 发生时，显示字符串"hello Linux"，代码如程序 7-1 所示。

程序 7-1　重新定义信号的处理方式

```
// exam7-1.c
#include <stdio.h>
#include <signal.h>
main()
{
    void f(int);
    int i;
    signal( SIGINT, f );
    for(i=0; i<5; i++ ){
        printf("hello\n");
        sleep(1);
    }
}
void f(int signum)
{
    printf("hello Linux \n");
}
```

（2）设置信号 SIGINT 的处理方式为忽略，代码如程序 7-2 所示。

程序 7-2　忽略信号 SIGINT

```c
// exam7-2.c
#include <stdio.h>
#include <signal.h>
main()
{
    signal( SIGINT, SIG_IGN );
    printf("you can't stop me!\n");
    while( 1 )
    {
        sleep(1);
        printf("haha\n");
    }
}
```

（3）对多个信号可定义同一个信号处理函数，通过信号编号区分不同的信号，代码如程序 7-3 所示。

程序 7-3　根据信号编号区分信号

```c
// exam7-3.c
#include <signal.h>
static void sig_usr(int);
int main(void)
{
    if (signal(SIGUSR1, sig_usr) == SIG_ERR)
        printf("can't catch SIGUSR1");
    if (signal(SIGUSR2, sig_usr) == SIG_ERR)
        printf("can't catch SIGUSR2");
    for ( ; ; )
    pause();
}
static void    sig_usr(int signo)
{
    if (signo == SIGUSR1)
    printf("received SIGUSR1\n");
    else if (signo == SIGUSR2)
        printf("received SIGUSR2\n");
    else
```

```
    printf("received signal %d\n", signo);
  return;
}
```

## 7.3.2　信号处理函数

用户定义的信号处理函数运行在用户空间，进程运行在用户空间中的任意点时，都可能被信号处理函数中断，因此信号的处理是异步的。为了避免因异步信号处理导致对共享数据操作的不一致性，在设计信号处理函数时应遵守一定的编码规则，在信号处理函数中应使用可重入函数。

可重入函数是指可以被多个任务调用的函数。为了满足这一要求，在函数中不能使用全局变量或静态局部变量，因为它们的生存周期不会因为函数的结束而结束，而是要到整个进程的结束而消失，这样，就有可能被多个任务异步存取造成数据的不完整性。

在信号处理函数中应避免使用下列不可重入函数。

1. 函数体内使用了静态的数据结构；
2. 函数体内调用了 malloc()或者 free()函数；
3. 函数体内调用了标准 I/O 函数。

## 7.3.3　定义多个信号

Linux 进程中定义了多个信号，如何定义各信号之间的行为关系，也是需要解决的问题。有时，并不是所有的信号都要被处理，需要屏蔽某些信号；在处理某些信号的过程中，需要考虑是否忽略其他信号，是否允许信号处理的嵌套。

**sigaction 函数**

| 头文件 | #include <signal.h> |
|--------|---------------------|
| 函数原型 | int sigaction(int signo, const struct sigaction *act,struct sigaction *oact); |
| 功能 | 用于改变进程接收到特定信号后的行为 |
| 参数 | signo 需要处理的信号<br>act 指向描述信号操作的结构<br>oact 指向被替换操作的结构 |
| *返回值* | 成功返回 0，否则返回−1 |

对于 sigaction 函数，第一个参数 signo 指向需要设置的信号，可为除 SIGKILL 及 SIGSTOP 外的任何一个信号；第二个参数 act 指向如何响应信号的结构体；第三个参数 oact 如果不是 null，则指向被替换操作的结构体。

#### 1. 信号行为设置

使用 sigaction 结构描述信号的处理行为，其结构定义如下。

```
struct sigaction
{
    void (*sa_handler)(int) ;                    // 信号处理函数
    void (*sa_sigaction)(int, siginfo_t *, void *);   // 带参数的信号处理函数
```

```
    sigset_t sa_mask;                              // 信号掩码
    int sa_flags;                                  // 设定信号处理的相关行为
}
```

在上述数据结构中，sa_handler 和 sa_sigaction 用于指定处理信号 signo 的函数。它们之间的主要区别是：sa_handler 只能获得信号编号，但 sa_sigaction 除了能获得信号编号外，还能获得被调用的原因以及产生问题的上下文信息。为了告诉内核采用何种处理方式，只需设置 sa_flags 的 SA_SIGINFO 位。如果该位被设置，表示使用带参数的 sa_sigaction 对信号进行处理。sa_mask 指定在信号处理过程中，何种信号被阻塞。缺省情况下当前信号被阻塞，以免发生信号在处理过程的嵌套，除非 SA_NODEFER 或者 SA_NOMASK 标志位被设置。sa_flags 中包含了许多标志位，用于指定信号处理时的相关行为。下面给出一些主要的标志位的定义。

| 标 志 位 | 含 义 |
|---|---|
| SA_RESETHAND | 一旦信号处理函数被调用，恢复信号处理为缺省状态 |
| SA_NODEFER | 在处理信号时关闭信号自动阻塞，允许递归调用信号处理函数 |
| SA_RESTART | 提供与 BSD 信号语义兼容的行为，使得某些系统调用通过信号可以重新执行 |
| SA_SIGINFO | 当设定了该标志位时，表示信号附带的参数可以被传递到信号处理函数中 |

### 2. 信号屏蔽

信号屏蔽就是临时阻塞信号被发送至某个进程，它包含一个被阻塞的信号集。通过操作信号集，可增加和删除需要阻塞的信号。信号屏蔽与信号忽略不同，当进程屏蔽某个信号时，内核将不发送该信号至屏蔽它的进程，直至该信号的屏蔽被解除；而对于信号忽略，内核将被忽略的信号发送至进程，只是进程对被忽略的信号不进行处理。

### 3. 信号集

信号集用于描述所有信号的集合。例如，对于 struct sigaction 中的 sa_mask 字段，其每一位对应一个信号。如果某位被设置为 1，表示该位对应的信号被屏蔽。sigset 类型的定义如下。

```
typedef struct {
    unsigned long sig[2];
} sigset_t
```

### 4. 信号集相关操作函数

```
#include <signal.h>
int sigemptyset(sigset_t *set);                    // 清空信号集 set 中的所有信号
int sigfillset(sigset_t *set);                     // 在信号集 set 中加入 Linux 支持的所有信号
int sigaddset(sigset_t *set, int signum);          // 向信号集 set 中加入 signum 信号
int sigdelset(sigset_t *set, int signum);          // 从信号集 set 中删除 signum 信号
int sigismember(const sigset_t *set, int signum);  // 判断信号 signum 是否在信号集 set 中
```

**实例分析**

（1）运用 sigaction 函数重新定义信号 SIGINT 的处理方式，在对该信号的处理过程中，不屏蔽其他信号，代码如程序 7-4 所示。

程序 7-4　运用 sigaction 函数重新定义信号 SIGINT

```c
// exam7-4.c
#include    <signal.h>
void ouch( int sig )
{
        printf( "I got signal %d\n", sig );
}
int main() {
    struct sigaction act;
    act.sa_handler = ouch;
    sigemptyset( &act.sa_mask );
     act.sa_flags = 0;               // 未设定信号处理方式位
    sigaction( SIGINT, &act, 0 );
     while(1)
        {
        printf("Hello World!\n");
        sleep(1);
        }
}
```

（2）运用 sigaction 函数重新定义信号 SIGINT 的处理方式，在对该信号的处理过程中，屏蔽其他所有信号，代码如程序 7-5 所示。

程序 7-5　运用 sigaction 函数定义信号 SIGINT，并屏蔽其他信号

```c
// exam7-5.c
#include <signal.h>
#include <unistd.h>
int num = 0;
void int_handle(int signum)
{
    printf("SIGINT:%d\n", signum);
    printf("int_handle called %d times\n", ++num);
}
main() {
    static struct sigaction act;
    void int_handle(int);
    act.sa_handler = int_handle;
    sigfillset(&(act.sa_mask));
    sigaction(SIGINT, &act, NULL);
    while(1)
```

```
    {
        printf("i'm sleepy..\n");
        sleep(1);
        if(num >= 3)
            exit(0);
    }
}
```

目前，Linux 中的 signal 函数通过 sigaction 函数实现，信号处理结束后无需对信号进行重新设置。Linux 的 signal 和 sigaction 函数仍将信号值为 1～31 的信号作为不可靠信号，不支持排队，仍有可能信号丢失；对信号值为 32 之后的信号都支持排队。这两个函数唯一的区别在于是否允许给信号传递数据，sigaction 函数允许传递数据给信号处理函数，而 signal 函数则不能。

## 7.3.4　信号的阻塞

每个进程定义一个信号掩码，该掩码对应一个信号集，该信号集中的所有信号在发送至进程后都将被阻塞。可以通过更改进程的信号掩码以阻塞或解除阻塞所选择的信号。使用这种技术可以保护不希望由信号中断的临界代码。

### sigprocmask 函数

| 头文件 | #include    <signal.h> |
|---|---|
| 函数原型 | int sigprocmask(int how, const sigset_t *set, sigset_t *oldset); |
| 功能 | 修改信号掩码 |
| 参数 | how 如何修改信号掩码<br>set 指向设置信号列表的指针<br>oldest 指向之前信号掩码列表的指针 |
| 返回值 | 成功返回 0，否则返回−1 |

sigprocmask 函数根据参数 how 决定如何对信号集进行操作，how 的定义如下。

| how 的值 | 含　　义 |
|---|---|
| SIG_BLOCK | 添加信号到进程屏蔽 |
| SIG_UNBLOCK | 将信号从进程屏蔽中删除 |
| SIG_SETMASK | 将 set 的值设定为新的信号掩码 |

#### 实例分析

编写一个程序，阻塞 SIGINT 信号 3 秒后恢复，代码如程序 7-6 所示。

程序 7-6　运用 sigprocmask 函数阻塞信号 SIGINT

```
// exam7-6.c
#include <unistd.h>
#include <signal.h>
```

```
main()
{
    sigset_t set;
    int count = 3;
    sigemptyset(&set);
    sigaddset(&set, SIGINT);
    sigprocmask(SIG_BLOCK, &set, NULL);
    while(count)
    {
        printf("don't disturb me (%d)\n", count--);
        sleep(1);
    }
    sigprocmask(SIG_UNBLOCK, &set, NULL);
    printf("you did not disturb me!!\n");
}
```

# 7.4 发 送 信 号

进程除了从用户和内核接收信号外，还可以接收其他进程发送的信号。Linux 内核提供了应用编程接口，通过这些接口，进程可以向其他进程或进程组发送信号。Linux 内核提供发送信号的应用编程接口主要有 kill、raise、sigqueue、alarm、setitimer 和 abort，其中 alarm 和 setitimer 函数将在下一节中介绍。

### 1. 发送信号

kill 函数

| 头文件 | #include <sys/types.h><br>#include <signal.h> |
|--------|-----------------------------------------------|
| 函数原型 | int kill(pid_t pid,int signo); |
| 功能 | 向进程发送信号 |
| 参数 | pid>0 进程 ID 为 pid 的进程<br>pid=0 同一个进程组的进程<br>pid<0 pid!=-1 进程组 ID 为-pid 的所有进程<br>pid=-1 除发送给进程自身外，还发送给所有进程 ID 大于 1 的进程 |
| *返回值* | 调用成功返回 0，否则返回-1。 |

root 权限的进程可以向任何进程发送信号，非 root 权限的进程只能向属于同一个会话或者同一个用户的进程发送信号。

### 实例分析

编写一个程序，测试用 kill 函数发送已被阻塞的信号 SIGTERM，代码如程序 7-7 所示。

程序 7-7　测试用 kill 函数发送已被阻塞的信号 SIGTERM

```c
// exam7-7.c
#include <unistd.h>
#include <signal.h>
#include <stdio.h>
#include <stdlib.h>
int main(void)
{
    sigset_t set, pendset;
    struct sigaction action;
    sigemptyset(&set);
    sigaddset(&set, SIGTERM);                  // 向信号集添加信号 SIGTERM
    sigprocmask(SIG_BLOCK, &set, NULL);        // 阻塞信号集中的信号
    kill(getpid(), SIGTERM);                   // 向自身发送终止进程信号 SIGTERM,
    sigpending(&pendset);                      // 将被阻塞的信号写入信号集 pendset
    if(sigismember(&pendset, SIGTERM)) {       // 判断信号 SIGTERM 是否属于 pendset
    printf("SIGTERM had been blocked\n");
    }
    sigprocmask(SIG_UNBLOCK, &set, NULL);      // 解除对信号集内信号的阻塞
    exit(EXIT_SUCCESS);
}
```

## 2. 向自身发送信号

raise 函数

| 头文件 | #include <signal.h> |
|---|---|
| 函数原型 | int raise(int signo); |
| 功能 | 向进程本身发送信号 |
| 参数 | signo 发送的信号 |
| 返回值 | 成功返回 0；否则返回−1 |

raise()等价于 kill(getpid(), sig)

## 3. 发送 SIGABORT 信号

abort 函数

| 头文件 | #include <stdlib.h> |
|---|---|
| 函数原型 | void abort(void) |
| 功能 | 向进程发送 SIGABORT 信号 |
| 参数 | 无参数 |
| 返回值 | 无返回值 |

向进程发送 SIGABORT 信号，默认情况下进程会异常退出，当然可定义自己的信号处理函数。

### 4. 发送实时信号

sigqueue 函数

| 头文件 | #include <sys/types.h><br>#include <signal.h> |
|---|---|
| 函数原型 | int sigqueue(pid_t pid, int sig, const union sigval val); |
| 功能 | 向进程发送实时信号 |
| 参数 | pid 指定接收信号的进程 ID<br>sig 指定即将发送的信号<br>val 指定信号传递的参数 |
| *返回值* | 成功返回 0；否则返回−1 |

sigqueue 函数中的第三个参数用于信号的参数传递，其数据结构定义如下。

```
union sigval {
        int    sival_int;      // 用于传送一个整型数
        void *sival_ptr;      // 用于传送一批数据、数组、结构或其他
    }
```

通过 sigqueue 函数向进程发送信号，是 Linux 内核为支持实时信号而设计的较新的系统调用。与 kill 函数相比，sigqueue 函数传递了更多的附加信息。但是 sigqueue 函数只能向一个进程发送信号，不能给一个进程组发送信号。如果 signo=0，将会执行错误检查，但实际上不发送任何信号。0 值信号可用于检查 pid 的有效性以及当前进程是否有权向目标进程发送信号。

#### 实例分析

运用 sigqueue 函数向进程发送带有参数的信号，代码如程序 7-8 所示。

程序 7-8　sigqueue 函数的运用

```
// exam7-8.c
#include<signal.h>
#include<unistd.h>
#include <stdio.h>
void SigHandler(int signo,siginfo_t *info,void *context)
{
    printf("%s \n",info->si_value.sival_ptr);
}
int main() {
    struct sigaction sigAct;
    sigval_t val;
    char pMsg[]="i still believe";

    sigAct.sa_flags=SA_SIGINFO;
```

```
        sigAct.sa_sigaction=SigHandler;
        if(sigaction(SIGUSR1,&sigAct,NULL)==-1)
        {
            printf("set sig_handler");
            exit(1);
        }
        val.sival_ptr=pMsg;
        if(sigqueue(getpid(),SIGUSR1,val)==-1)
        {
            printf("sigqueue");
            exit(2);
        }
        sleep(3);
}
```

# 7.5 计 时 器

## 7.5.1 睡眠延迟

### 1. sleep 函数

在 Linux 系统中，时钟用来计算系统运行的时间，记录每个进程使用 CPU 的时间，调度器可根据这些信息决定何时切换进程。有时，应用程序需要延迟一段时间后继续运行，可以使用 sleep 函数实现延时功能。

**实例分析**

使用 sleep 函数实现睡眠延迟，使进程延迟 10 秒后继续运行，代码如程序 7-9 所示。

程序 7-9　延迟 10 秒

```
// exam7-9.c
#include<signal.h>
int main()
{
    sleep(10);
}
```

### 2. sleep 函数的实现机制

sleep 函数是通过 SIGALARM 信号实现的，其过程如下。

（1）调用 alarm 函数设置延迟时间。

（2）调用 pause 函数挂起进程，等待系统发送 SIGALARM 信号，当 SIGALARM 信号到达该进程时进程被唤醒。

alarm 函数

| 头文件 | #include <unistd.h> |
|--------|---------------------|
| 函数原型 | unsigned int alarm(unsigned int seconds); |
| 功能 | 设置时间闹钟 |
| 参数 | seconds 表示闹钟的间隔时间，原有闹钟无效 |
| *返回值* | 如果调用 alarm 函数前，进程已设置了闹钟，则返回上一个闹钟的剩余时间，否则返回 0 |

在指定的时间 seconds 秒后，将向进程本身发送 SIGALRM 信号。

pause 函数

| 头文件 | #include <unistd.h> |
|--------|---------------------|
| 函数原型 | void pause() |
| 功能 | 等待信号 |
| 参数 | 无 |
| *返回值* | 总是返回-1 |

pause 函数将进程设为可中断状态，并将 CPU 控制权转交给其他进程，进程收到信号后，执行信号处理函数，pause 函数返回，原进程继续执行。

实例分析

暂停进程执行，代码如程序 7-10 所示。

程序 7-10　暂停进程执行

```
// exam7-10.c
#include <unistd.h>
#include <signal.h>
 void handler(int signum);
 main()
 {
        struct sigaction act;
        sigfillset(&(act.sa_mask));
          act.sa_handler = handler;
          sigaction(SIGINT, &act, NULL);
          printf("pause return %d\n", pause());
 }

 void handler(int signum)
 {
        printf("\nSIGINT cought\n\n");
 }
```

### 3. 实现 sleep 功能

通过对 sleep 函数实现机制的分析，可利用 alarm 和 pause 函数实现 sleep 函数的功能。sleep 函数的实现，代码如程序 7-11 所示。

程序 7-11  sleep 函数的实现

```
// exam7-11.c
#include <stdio.h>
#include <signal.h>
void alarmhandler(int signum)
{
    printf("Alarm received from kernel\n");
}
main()
{
    printf("about to sleep for 4 seconds\n");
    signal(SIGALRM, alarmhandler);      // 设置信号 SIGALRM 的处理函数
    alarm(4);                           // 设置定时器
    pause();                            // 挂起进程
    printf("continue from alarm \n");
}
```

### 4. 综合应用

编译并运行下列代码，观察运行结果，代码如程序 7-12 所示。

程序 7-12  综合运用

```
// exam7-12.c
#include <unistd.h>
#include <signal.h>
void handler(int signum);
int flag = 5;
main() {
    struct sigaction act;
    sigset_t set;
    sigemptyset(&(act.sa_mask));               // 清空所有信号
    sigaddset(&(act.sa_mask), SIGALRM);        // 加入信号 SIGALRM
    sigaddset(&(act.sa_mask), SIGINT);         // 加入信号 SIGINT
    sigaddset(&(act.sa_mask), SIGUSR1);        // 加入信号 SIGUSRI
    act.sa_handler = handler;
    sigaction(SIGALRM, &act, NULL);            // 定义信号 SIGALRM 的处理方式
    sigaction(SIGINT, &act, NULL);             // 定义信号 SIGINT 的处理方式
```

```
    sigaction(SIGUSR1, &act, NULL);          // 定义信号 SIGUSR1 的处理方式
    printf("call raise(SIGUSR1) before blocking\n");
    raise(SIGUSR1);                          // 产生信号 SIGUSR1
    sigemptyset(&set);
    sigaddset(&set, SIGUSR1);
    sigprocmask(SIG_SETMASK, &set, NULL);    // 屏蔽信号 SIGUSR1
    while(flag)
    {
        printf("input SIGINT [%d]\n", flag);
        sleep(1);
    }
    printf("call kill(getpid(), SIGUSR1) after blocking\n");
    kill(getpid(), SIGUSR1);                 // 发送信号 SIGUSR1
    printf("sleep by pause.. zzZZ\n");
    printf("pause return %d\n", pause());
    printf("2 seconds sleeping..zzZ\n");
    alarm(2);                                // 产生 SIGALRM 信号
    pause();                                 // 暂停进程运行
}
//三种信号共同的处理函数
void handler(int signum)
{
    flag--;

    switch(signum) {
    case SIGINT:
        printf("SIGINT(%d)\n", signum);
        break;
    case SIGALRM:
        printf("SIGALRM(%d)\n", signum);
        break;
    case SIGUSR1:
        printf("SIGUSR1(%d)\n", signum);
        break;
    default:
        printf("signal(%d)\n", signum);
    }
}
```

## 7.5.2　间隔计时器

### 1.　时钟中断

通常，Linux 系统中默认最小的时钟间隔为 10ms，每秒产生 100 个时钟中断。每当时钟间隔来到，系统将产生一个硬件时钟中断。这时，Linux 内核将转而执行时钟中断处理程序。由于时钟处理程序需要处理的任务较多，为了提高系统的实时响应速度，将时钟中断处理分为两个部分，将可适当延迟的部分通过某种技术安排在其他适当的时间点执行。由于 Linux 中进程众多，每个进程中都有可能存在间隔计时器；另外，为了满足内核定时的需要，在 Linux 内核中定义了内核定时器。这些都需要时钟处理程序进行处理。

### 2.　间隔计时器

alarm 函数所要延迟的时间单位为秒。当延迟时间到来后，只能触发一次，下次需要再延迟时需要重新设置。因此，这种机制往往不能满足某些有较高时间精度要求的场合，不能适应有周期性定时应用的需求。为此，引入了时间精度更高的间隔计时器。它的基本原理是:当等待的时间来到后，内核向处于等待状态的进程发送信号，同时，再次设置时间间隔。这样，可按设定的时间间隔，周期性地向进程发送信号。接收信号的进程以相同的节奏处理这些信号，间隔计时器属于面向进程的计时器。

### 3.　进程的运行时间

在 Linux 系统中，进程以时间片的形式分享 CPU；同时，当进程被调度进入运行状态时，进程的执行有两种运行模式，用户态和内核态。当进程执行的是用户地址空间中的代码时，我们称进程运行于用户态；当进程进入系统调用或陷入硬件中断时，则称进程运行于内核态。因此，可以从不同的角度为进程计时。下面通过一个进程的运行轨迹介绍不同的计时器，如图 7-1 所示。

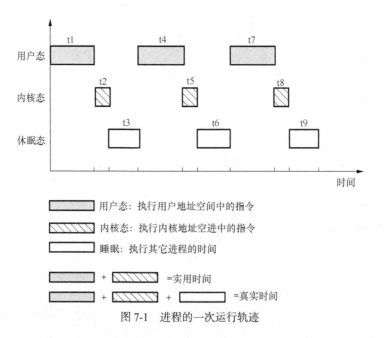

图 7-1　进程的一次运行轨迹

在图 7-1 中，进程并非每时每刻都在运行，而是在用户态、内核态和休眠态之间切换。其中，运行于用户态的时间片段为 t1、t4 和 t7；运行于内核态的时间片段为 t2、t5 和 t8；处于休眠状态的时间片段为 t3、t6 和 t9。内核提供了如下 3 种类型的计时器。

（1）真实时间

计算系统真正流失的时间。当该计时器的时间用尽后，系统将产生 SIGALARM 信号。图 7-1 中的真实时间计算如下。

$$真实时间 = t1 + t2 + t3 + t4 + t5 + t6 + t7 + t8 + t9$$

（2）虚拟时间

进程运行在用户态下所有时间片段的和。当该计时器的时间用尽后，系统将向该进程发送 SIGVTALARM 信号。图 7-1 中的虚拟时间计算如下。

$$虚拟时间 = t1 + t4 + t7$$

（3）实用时间

进程占有 CPU 的所有时间片段的和，即所有运行在用户态时间与所有运行在核心态的时间之和。当该计时器的时间耗尽后，系统将向进程发送 SIGPRT 信号。图 7-1 中的实用时间计算如下。

$$实用时间 = t1 + t2 + t4 + t5 + t7 + t8$$

### 4. 操作间隔计时器

getitimer 函数

| 头文件 | #include <sys/time.h> |
|---|---|
| 函数原型 | int getitimer(int which, struct itimerval *value); |
| 功能 | 获得当前进行中指定类型间隔计时器的值 |
| 参数 | which 计时器类型<br>value 获取当前进程设置间隔计时器的值 |
| *返回值* | 成功返回 0，否则返回−1 |

getitimer 函数将某个特定计时器的值复制到 value 指向的结构中，在 getitimer 函数中，第一个参数用于指定间隔计时器的类型，其定义如下。

| 间隔计时器类型 | 含　　义 |
|---|---|
| ITIMER_REAL | 设定绝对时间，经过指定时间后，内核发送 SIGALRM 信号 |
| ITIMER_VIRTUAL | 设定进程在用户态的执行时间，经过指定时间后，内核发送 SIGVTALRM 信号 |
| ITIMER_PROF | 设定进程在用户态与内核态执行总共消耗的时间，经过指定的时间后，内核将发送 SIGPRT 信号 |

getitimer 函数的第二个参数用于存储间隔计时器的值，其数据结构定义如下。

```
struct itimerval {
    struct timeval it_interval;    // 下一个值
    struct timeval it_value;       // 当前值
    };
struct timeval {
    long tv_sec;                   // 秒
    long tv_usec;                  // 微妙
};
1
```

### setitimer 函数

| 头文件 | #include <sys/time.h> |
|--------|----------------------|
| 函数原型 | int setitimer(int which, const struct itimerval *newval, struct itimerval *oldval)); |
| 功能 | 设置间隔计时器 |
| 参数 | which 指定定时器类型<br>newval 指向被设置值的指针<br>oldval 指向被替换设置值的指针 |
| *返回值* | 成功返回 0，否则返回−1 |

setitimer 函数将计时器设置为 newval 指向结构的值，如果 oldval 不指向 NULL，之前计时器的值将被复制到 oldval 指向的结构中。

**实例分析**

设置实用间隔计时器，时间间隔为 2 秒，并对实用间隔计时器产生的信号进行定义，代码如程序 7-13 所示。

程序 7-13　设置实用间隔计时器

```c
// exam7-13.c
#include <errno.h>
#include <signal.h>
#include <stdio.h>
#include <unistd.h>
#include <sys/time.h>
// 信号 SIGPROF 的处理函数
static void myhandler(int s) {
    char aster = '*';
    int errsave;
    errsave = errno;
    write(STDERR_FILENO, &aster, 1);
    errno = errsave;
}
// 设置对信号 SIGPROF 的处理
static int setupinterrupt(void) {
    struct sigaction act;
    act.sa_handler = myhandler;
    act.sa_flags = 0;
    return (sigemptyset(&act.sa_mask) || sigaction(SIGPROF, &act, NULL));
}
// 设置实用间隔计时器，间隔时间为 2 秒
static int setupitimer(void) {
    struct itimerval value;
    value.it_interval.tv_sec = 2;
```

```
        value.it_interval.tv_usec = 0;
        value.it_value = value.it_interval;
        return (setitimer(ITIMER_PROF, &value, NULL));
}

int main(void) {
    if (setupinterrupt()) {
        perror("Failed to set up handler for SIGPROF");
        return 1;
    }
    if (setupitimer() == -1) {
        perror("Failed to set up the ITIMER_PROF interval timer");
        return 1;
    }
      for ( ; ; );
}
```

# 第8章
# Linux 进程

## 8.1 Linux 进程概述

### 8.1.1 Linux 进程

可执行程序是存储在磁盘设备上由代码和数据按某种格式组织的静态实体，而进程是可被调度的代码的动态运行。在 Linux 系统中，每个进程都有各自的生命周期。在一个进程的生命周期中，都有各自的运行环境以及所需的资源，这些信息都记录在各自的进程控制块中，以便系统对这些进程进行有效管理，进程控制块的结构如图 8-1 所示。

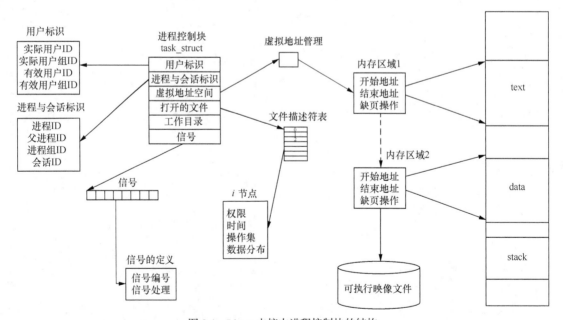

图 8-1　Linux 内核中进程控制块的结构

Linux 内核中，进程控制块包含的内容比较多，图 8-1 中列出其中的一些主要内容。为了运行进程，每个进程都有各自独立的虚拟地址空间，空间的大小与所基于的硬件体系结构有关。在虚拟地址空间中定义了若干个区，其中，代码区和数据区分别与可执行程序或共享库的代码段和数据段相对应；堆和栈则由系统生成作为进程运行的环境；Linux 内核被映射在内核区；为了保存打开的文件，需要在进程控制块中定义文件描述符表；为了管理信号，需要维护信号产生后如何进行处理的信息；此外，在进程控制块中记录有进程运行的环境信息，其中与用户相关的信息包括实际用户 ID、实际用户组 ID、有效用户 ID 和有效用户组 ID；与进程相关的信息包括进程 ID、进程组 ID 和父进程 ID；会话 ID 用于记录进程启动时所使用的终端。

## 8.1.2　应用编程接口

本章主要介绍与进程有关的一些基本概念，并通过实例介绍应用编程接口的使用方法，表 8-1 给出本章所涉及的应用编程接口。

表 8-1　　　　　　　　　　　与进程相关的应用编程接口

| 分　类 | API | 功　能　描　述 |
| --- | --- | --- |
| 进程环境 | getuid | 获得当前进程实际用户 ID |
| | geteuid | 获得当前进程有效用户 ID |
| | getgid | 获得当前进程实际用户组 ID |
| | gettegid | 获得当前进程有效用户组 ID |
| | getpid | 获得当前进程 ID |
| | getppid | 获得父进程 ID |
| | getpgrp | 获得进程组 ID |
| | setpgid | 设置进程组 |
| | getsid | 获得进程会话 ID |
| | setsid | 设置进程会话 ID |
| 进程地址空间 | malloc | 申请一块动态内存 |
| | free | 释放动态内存 |
| | brk | 设置堆区域的大小 |
| 进程的创建与终止 | fork | 创建子进程 |
| | exit | 终止进程 |
| | atexit | 注册终止处理程序 |
| 加载可执行二进制映像 | exec | 加载可执行二进制映像文件 |
| 进程的同步控制 | wait | 暂停执行，直到一个子进程结束 |
| | waitpid | 等待指定子进程结束 |

# 8.2　进程的地址空间

## 8.2.1　进程的地址空间

Linux 内核通常运行在具有内存管理单元的处理器上，每个进程都有独立的虚拟地址空间，空间的大小由地址总线宽度决定。假设对于运行在 32 位地址总线处理器上的 Linux 进程，每个进程具有 4GB 的虚拟地址空间，其中 0～3GB 通常定义为用户虚拟地址空间，将可执行程序映射至该空间，该空间的代码运行在用户态；3～4GB 通常定义为 Linux 内核虚拟地址空间，将 Linux 内核映射至该空间。不同进程的内核虚拟地址空间是共享的，内核代码运行在内核态。

可执行程序被加载至进程的用户虚拟地址空间，即将可执行程序中的代码段和数据段的内容复制至用户地址空间。为了执行程序，内核需要在用户虚拟地址空间中建立一些辅助区域，例如堆区和栈区等，从而将用户虚拟地址空间划分为若干区域，分别为代码区、未初始化数据区、初始化数据区、环境变量和命令行参数区、堆区和栈区。进程虚拟地址空间的结构如图 8-2 所示，不同区域中存储了不同的信息，具有各自不同的属性。

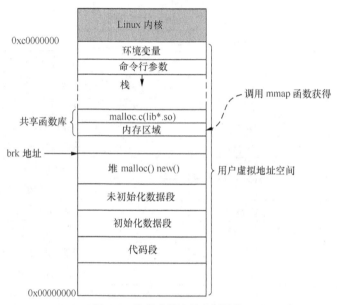

图 8-2　进程虚拟地址空间结构

### 1. 代码区

可执行二进制映像文件中代码段的内容包含指令序列和只读数据，内核在创建进程加载可执行二进制映像文件时，将这部分内容映射至进程的用户地址空间形成代码区。进程在运行过程中，代码区的内容不会改变，因此，多个运行的进程实例可共享代码区，只需保持一个复制。在可执行二进制映像文件中，这部分内容被保存在文本段中，文本段有时也称为代码段。

### 2. 未初始化数据区

在可执行二进制映像文件中，未初始化数据包括没有初始化的全局变量和静态局部变量，它在映像文件中并不占有存储空间，只保留其地址和大小信息。有些编译器允许将未初始化数据和初始化数据合并成一个数据段。内核在创建进程加载可执行二进制映像文件时，若映像文件中存在未初始化数据段，内核在进程的用户地址空间中为其分配一块区域，称为未初始化数据区，用于进程运行过程中对未初始化数据的存取。

### 3. 初始化数据区

初始化数据包括已初始化的全局变量和静态局部变量。在可执行二进制映像文件中，初始化数据被组织在数据段中，内核在创建进程加载映像文件时，将初始化数据段映射至用户地址空间形成初始化数据区。该区的内容在进程运行过程中会发生变化，一个程序的多个进程实例拥有各自的数据区。

### 4. 堆（heap）

堆位于数据区与栈之间，用于应用程序的动态内存管理。例如，C 语言中的 malloc 和 free 函数，C++ 中的 new 和 delete 函数等，分别表示申请和释放动态内存块。Linux 内核并未提供堆区动态内存管理的应用编程接口，而是将动态内存的管理通过 glibc 实现。Linux 的进程控制块中记录了虚拟内存各区域的地址信息，它们在进程初始化时由系统设置，其中包含堆的起始和结束地址。brk 指针指向数据段后第一个可使用空间的地址，在初始状态下，brk 指针指向数据段结束地址，随着动态内存分配数量的不断增加，brk 指针的值也不断向栈区方向移动。堆区的大小可通过 brk 和 sbrk 函数动态调整，以满足不同应用的需要。

### 5. 栈（stack）

栈用于存放进程运行过程中的局部变量、函数返回地址、参数和进程上下文环境，它是一种先进后出的数据结构。

### 6. 环境变量和命令行

环境变量继承自父进程，它的作用范围是进程本身及其子孙进程。命令行则保存执行程序时的输入参数。它们均被保存在进程的栈区域中。

堆区和栈区之间的自由空间，内核可为进程创建新的区域用于加载共享库、映射共享内存和映射文件 I/O 等，应用程序可通过 mmap 和 munmap 函数申请和释放新的内存区。

当目标代码在链接生成可执行程序时，链接器为可执行二进制映像文件中的各段生成变量，记录它们对应至进程用户地址空间中的地址，这些变量包括 etext、edata 和 end，变量 etext 记录代码区的结束地址；变量 edata 记录初始化数据区的结束地址；变量 end 记录未初始化数据区结束后的地址。在程序中可通过声明这些变量为外部变量，从而使用它们。

**实例分析**

（1）显示进程用户地址空间中各区的起始和结束地址，代码如程序 8-1 所示。

程序 8-1　显示进程虚拟地址空间各区的地址

```
// exam8-1.c
#include <stdio.h>
extern etext, edata, end;
main(int argc,char *argv[])
{
    printf("end of text segment: %x \n",&etext);
    printf("end of statics & initialized segment:%x \n", &edata);
    printf("end of uninitialized segment %x \n", &end);
}
```

（2）显示代码中各元素在进程用户地址空间各区域中的地址，代码如程序 8-2 所示。

程序 8-2　显示进程用户地址空间各区域内成员的地址

```
// exam8-2.c
#include <stdlib.h>
```

```
#include <stdio.h>
int glob1=120;
int glob2;
extern int etext, edata, end;
int func2() {
    int f2_local1, f2_local2;
    printf("func2 local: \tf2_local1: %p,\tf2_local2: %p\n", &f2_local1, &f2_local2);
}
int func1() {
    int f1_local1, f1_local2;
    printf("func1 local:\tf1_local1: %p,\tf1_local2: %p\n", &f1_local1, &f1_local2);
    func2();
}
main(){
    int m_local1, m_local2; int *dynamic_addr;
    printf("end of text segment: %x \n",&etext);
    printf("end of statics & initialized segment:%x \n", &edata);
    printf("end of uninitialized segment %x \n", &end);
    printf("main local:\tm_local1: %p,\tm_local2: %p\n", &m_local1, &m_local2);
    func1();
    dynamic_addr = malloc(16);
    printf("dynamic: \t%p \n", dynamic_addr);
    printf("global: \tglob1: %p, \tglob2: %p\n", &glob1, &glob2);
    printf("functions:\tmain: %p,\tfunc1: %p\tfunc2: %p\n", main, func1, func2);
}
```

程序 8-2 的一次运行结果显示如下。

end of text segment: 804850b

end of statics & initialized segment:80497f8

end of uninitialized segment 8049800

main local:m_local1: 0xbfffe184,m_local2: 0xbfffe180

func1 local:f1_local1: 0xbfffe164,f1_local2: 0xbfffe160

func2 local: f2_local1: 0xbfffe154,f2_local2: 0xbfffe150

dynamic: 0x8049850

global: glob1: 0x80496fc, glob2: 0x80497fc

functions:main: 0x80483a1,func1: 0x804837cfunc2: 0x804835c

从上述程序的运行结果不难看出，局部变量 m_local1、m_local2、f1_local1、f1_local2、f2_local1 和 f2_local2 依次存放在栈区域中；指针变量 dynamic_addr 的值在堆区域中；全局变量 glob1 在初始化数据区，全局变量 glob2 的地址在未初始化数据区域中；函数 main、func1 和 func2 的地址在代码区域中。

## 8.2.2　环境变量相关操作

每个进程都有环境变量，这些变量以 name=value 字符串赋值的形式存放在数组中，数组地址存放于全局变量 environ 中，可通过 getenv 和 putenv 函数对环境变量进行存取，环境变量数组的结构如图 8-3 所示。

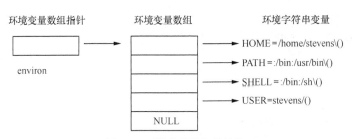

图 8-3　环境变量数组的结构

有两种方法引用进程中的环境变量，第一种是通过引用外部字符串数组变量 environ，environ 变量指向环境字符串数组的首地址。

extern char **environ;

第二种方法是从 main 传递的参数中获得环境字符串数组的首地址，函数原型声明如下所示。第一个参数返回命令行参数的个数，第二个参数指向命令行参数的首地址，第三个参数则指向环境字符串数组的首地址。

int main(int argc, char *argv[ ], char *envp[ ])

**实例分析**

（1）显示进程中的所有环境变量的值，代码如程序 8-3 所示。

### 程序 8-3　显示进程的环境变量列表

```
// exam8-3.c
int main(int argc, char *argv[])
{
    int          i;
    char         **ptr;
    extern char     **environ;
// 显示所有环境变量
    for (ptr = environ; *ptr != 0; ptr++)
    printf("%s\n", *ptr);
    exit(0);
}
```

（2）运用 getenv 和 putenv 函数进行环境变量的存取，代码如程序 8-4 所示。

程序 8-4　环境变量的存取

```
// exam8-4.c
#include <stdio.h>
#include <stdlib.h>
int main( int argc, char *argv[], char *envp[] )
    {
    int i;
    extern char **environ;
    printf( "from argument envp\n" );
    for( i = 0; envp[i]; i++ )
            puts( envp[i] );
    putenv("IIOME=/");
    printf("\n From global variable environ\n");
    for( i = 0; environ[i]; i++ )
            puts(environ[i]);
}
```

## 8.2.3　命令行参数的引用

命令行指的是命令运行时，命令本身和命令后面的参数。命令行被保存在进程用户地址空间的栈区域中，这些信息被传递给主函数 main，作为 main 函数的参数。

**实例分析**

编写一个程序，打印程序运行时的命令行，代码如程序 8-5 所示。

程序 8-5　命令行的使用

```
// exam8-5.c
#include <stdio.h>
int main(int argc, char *argv[])
{
    int i;
    /*  显示命令行中的所有参数  */
    for (i = 0; i < argc; i++)
        printf("argv[%d]: %s\n", i, argv[i]);
    exit(0);
}
```

假设上述程序经编译链接生成名为 echoarg 的可执行二进制映像文件，运行该程序，并观察运行结果如下。

```
$ ./echoarg arg1 tet foo
argv[0] : ./echoarg
argv[1] : arg1
```

argv[2] : test

argv[3] : foo

## 8.2.4　动态内存管理

用户地址空间的堆介于栈和全局数据区之间，这部分空间用于进程的动态内存分配，堆的使用从下往上生长。在标准 Linux 系统中，用户程序的动态内存分配通过 glibc 实现。下面介绍与动态内存管理相关的一些 API。

**malloc 函数**

| 头文件 | #include <stdlib.h> |
|---|---|
| 函数原型 | void *malloc(size_t size) ; |
| 功能 | 申请一块动态内存 |
| 参数 | size 申请动态内存的字节数 |
| *返回值* | 成功返回分配的动态内存的地址，否则返回 NULL |

**free 函数**

| 头文件 | #include <stdlib.h> |
|---|---|
| 函数原型 | void free(void *ptr) ; |
| 功能 | 释放动态内存 |
| 参数 | ptr 指向需要释放的动态内存 |
| *返回值* | 无 |

**brk/sbrk 函数**

| 头文件 | #include <unistd.h> |
|---|---|
| 函数原型 | int brk(void * pend) ;<br>void *sbrk(int incr) ; |
| 功能 | 设置堆区域的大小 |
| 参数 | pend 设置数据区域的边界<br>incr 扩展堆区域的字节数 |
| *返回值* | 对于 brk，成功返回 0，否则返回=1<br>对于 sbrk,成功返回原来的 brk，否则返回-1 |

图 8-2 中，可通过 brk 和 sbrk 函数调整 brk 指针的位置，从而改变堆区的大小。brk 函数位于系统级，与内核的系统调用相对应，sbrk 位于应用层，是函数库的一部分，但最终也通过系统级 brk 函数实现。brk 函数用于设置堆区的边界指针，而 sbrk 函数用于说明堆区增加或减少的字节数。若参数 pend 或 incr 的值为 0，则表示获得进程当前堆区边界的地址。

**实例分析**

运用 brk 函数调整堆区域大小，代码如程序 8-6 所示。

程序 8-6　运用 brk 函数调整堆区域大小

```c
// exam8-6.c
extern int etext, edata, end;
main()
{   int brk(), ret;
    char *sbrk(), *bv;
    printf("The program text ends at %x \n", &etext);
    printf("The initialized data ends at %x \n", &edata);
    printf("The uninitialized data ends at %x \n", &end);
    bv = sbrk(0);                 //获得当前堆区边界的地址
    printf("Current break value is %x \n\n",bv);
    ret = brk(bv+512);        //  将堆区扩大 512 字节
    printf("brk returned . . . . %x \n",ret);
    bv = sbrk(0);                   //获得当前堆区边界的地址
    printf("Current break value is %x \n\n",bv);
    bv = sbrk(64);                 //  将堆区扩大 64 字节
    printf("sbrk returned %x \n",bv);
    bv = sbrk(0);
    printf("Current break value is %x \n\n",bv);
    bv = sbrk(-1024);           //减少堆区 1024 字节
    printf("sbrk returned %x \n",bv);
    printf("Current break value is %x \n\n",bv);
}
```

　　程序在调用 malloc 和 free 等动态内存管理函数时，进程虚拟地址空间内用于管理堆区的 brk 指针将自动调整。若直接调用 brk 函数缩小堆区，即将 brk 指针向低地址方向移动，则被移出的那部分空间将成为自由空间，这部分空间有可能被系统再次分配出去，从而无法保证其中的内容不被改变。

# 8.3　进程的创建与终止

　　Linux 内核支持两种类型的进程，用户进程和内核进程。内核进程是指完全运行在内核空间的进程，这种进程主要处理内核事务；用户进程一般运行在用户态，当需要使用内核资源时，通过系统调用进入核心态，在系统调用结束后，重新返回用户态。

## 8.3.1　创建进程

　　当通过 fork 函数创建新的子进程时，内核将父进程的用户地址空间的内容复制给子进程，这样父子进程之间拥有各自独立的用户空间，当父进程修改变量的值时不会影响子进程中的相应变量。但为了提高效率，Linux 采用了 COW（Copy on Write）算法，子进程创建时，父子进程享有相同的地址空间，只是在页表中设置 COW 标志，只有在父进程或子进程执行写数据操作时，才为子进程申请一个物理页，将父进程空间中相应数据所在页的内容复制到该物理页，然后将该页映射至子进程用户地址空间的适当位置。此外，子进程还继承父进程的其他资源，例如父进程打开的文件描述符和工作目录等。

### fork 函数

| 头文件 | #include <unistd.h> |
| --- | --- |
| 函数原型 | pid_t fork(); |
| 功能 | 创建子进程 |
| 参数 | 无 |
| *返回值* | -1 错误返回<br>0 传递给子进程<br>Pid 子进程的 ID 传递给父进程 |

### 实例分析

运用 fork 函数创建子进程，代码如程序 8-7 所示。

程序 8-7　创建子进程

```
// exam8-7.c
#include <sys/types.h>
intglob = 10;
int main(void)
{
    int    local;
    pid_t pid;
    local = 8;

    if ((pid = fork()) == 0) { //  子进程
        sleep(2);
    } else
        {
         glob++;
         local--;
         sleep(10);
        }
    printf("pid = %d, glob = %d, localar = %d\n", getpid(), glob, local);
    exit (0);
}
```

图 8-4 给出了上述进程运行时用户地址空间的变化情况。当调用 fork 函数创建子进程时，Linux 内核为子进程分配一个进程控制块 task_struct。子进程的进程控制块，用于存放子进程拥有的资源、管理信息和进程状态等。此时，父子进程之间共享用户地址空间，因为，父进程或

子进程没有对数据进行写操作。当父进程在执行 glob++语句时，Linux 内核将采用 COW 算法，首先为子进程创建相应的数据区，接着内核将父进程用户地址空间中数据区的相关页的内容复制至子进程用户地址空间中数据区的相应页，此时，父子进程各自拥有独立的全局变量 glob。当父进程执行 local--语句时，内核以同样的方法在子进程用户地址空间中栈区的相应页建立复制。由于代码区中的代码是只读的，所以父子进程共享该代码区，这样可以节省资源，提高系统的运行效率。

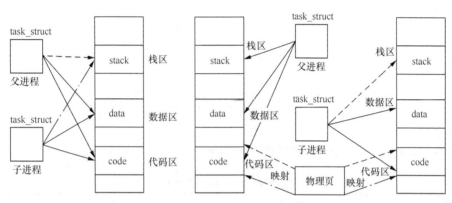

父进程调用fork创建子进程，在父子进程未修改glob和local变量的值之前，子进程共享父进程的用户地址空间

在父进程执行glob++和local--语句后，子进程根据COW算法建立自己的用户地址空间

图 8-4　父子进程用户地址空间的结构关系

## 8.3.2　程序的启动与结束

### 1. 程序的初始化

C 程序从 main 函数开始运行。但实际上，加载可执行文件后，首先运行的是称为 start-up 的代码，这部分代码在程序链接为可执行程序时，由链接器加入，其目的是从内核读取进程运行所需的环境信息，例如环境变量和命令行参数等。start-up 在完成一系列初始化工作后调用 main 函数，最后在执行完进程后，通过调用 exit 函数结束进程，其流程如图 8-5 所示。

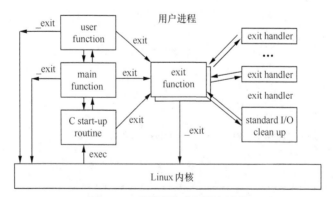

图 8-5　C 程序的启动与结束过程

### 2. 结束进程

在 Linux 系统中，每个进程都有父进程，当子进程运行结束后，子进程进入僵尸状态，并向

父进程发送 SIGCHLD 信号，通知子进程已经终止。在该状态下的子进程几乎释放了所有的内存资源，不能被重新调度，仅在进程列表中保留一个位置，只保留进程如何终止的一些状态信息，以供回收者使用。父进程可通过调用 wait 或 waitpid 函数获取子进程的退出码，以便判断子进程结束的原因，由父进程释放子进程余下的所有资源。但当父进程在子进程之前终止，子进程的父进程将更改为 init 进程，由 init 进程负责子进程的善后处理工作。

exit 函数

| 头文件 | #include<stdlib.h> |
|---|---|
| 函数原型 | void exit(int status); |
| 功能 | 终止进程 |
| 参数 | status　返回值 |
| *返回值* | 无 |

按照 ANSI C 的规定，一个进程可以登记最多 32 个函数，这些函数将由 exit 自动调用，因此，称它们为终止处理函数，可通过 atexit 函数来登记这些函数。

atexit 函数

| 头文件 | #include <stdlib.h> |
|---|---|
| 函数原型 | int atexit(void (* func) (void)) ; |
| 功能 | 登记终止处理程序 |
| 参数 | func 终止处理函数 |
| *返回值* | 成功则为 0，否则返回非 0 |

**实例分析**

运用 atexit 函数登记终止处理函数，代码如程序 8-8 所示。

程序 8-8　运用 atexit 函数登记终止处理函数

```
// exam8-8.c
#include <stdlib.h>
#include <stdio.h>
static void my_exit1(void)
{
    printf("first exit handler\n");
}
static void my_exit2(void)
{
    printf("second exit handler\n");
}
int main(void)
{
```

```
    if (atexit(my_exit2) != 0)
        printf("can't register my_exit2");
    if (atexit(my_exit1) != 0)
        printf("can't register my_exit1");
    if (atexit(my_exit1) != 0)
        printf("can't register my_exit1");
    printf("main is done\n");
    return(0);
}
```

上述程序的运行结果如下。

main is done

flrst exıt handler

first exit handler

second exit handler

exit 以先进后出的方式调用这些由 atexit 登记的函数。同一函数如若登记多次，则将被调用多次。根据 ANSI C 协议，exit 首先调用各终止处理程序，然后按需调用 fclose，关闭所有打开的文件流，保证基于缓冲区文件 I/O 操作的完整性，例如 fopen、fread 和 printf 等。这样，在进程结束前，将仍未写入文件的缓冲区数据，通过 exit 函数得到及时保存。

**_exit 函数**

| 头文件 | #include<unistd.h> |
| --- | --- |
| 函数原型 | void _exit(int status); |
| 功能 | 终止进程 |
| 参数 | status 返回值 |
| *返回值* | 成功返回 0，否则返回非 0 |

与 exit 函数不同，_exit 函数直接结束进程，不进行任何其他处理。

**实例分析**

（1）运用 exit 函数结束进程，代码如程序 8-9 所示。

程序 8-9　运用 exit 函数结束进程

```
// exam8-9.c
main(){
    printf("output begin\n");
    printf("content in buffer");
    exit(0);
}
```

程序运行结果如下。

output begin

content in buffer

（2）运用_exit 函数结束进程，代码如程序 8-10 所示。

程序 8-10　运用_exit 函数结束进程

```
// exam8-10.c
#include<stdlib.h>
main(){
    printf("output begin\n");
    printf("content in buffer");
    _exit(0);
}
```

程序的运行结果如下。

output begin

**注意**：在不同的 Linux 环境下，由于缓冲区大小等设置的不同，输出结果可能存在差异。

# 8.4　加载可执行映像

子进程在创建时，继承了父进程的资源，父子进程可并发运行，它们由同一代码流程控制，具有相似的行为。有时，希望子进程具有自身独立的代码流程，这可以通过加载可执行二进制映像文件来实现，内核通过 exec 系统调用在进程中建立新的运行环境。

## 8.4.1　ELF 格式

可执行映像文件存储于文件系统，在 Linux 系统中，采用 ELF（Excutable and Linkable Format）可执行可链接的文件格式。它源自 U 系统，与其他可执行格式相比，例如 FLAT 和 COFF 等，虽然在性能上有一定的开销，但具有较强的灵活性。无论是何种可执行文件格式，都包含代码段、数据段，以及在内存中的布局信息。ELF 有 3 种基本的格式。

### 1. 可执行格式
这种格式包含了加载器所需的相关信息。

### 2. 目标文件（.o 文件）
可与其他.o 文件链接，形成可执行文件，其中包含可链接的相关信息。

### 3. 共享库（.so 文件）
包含动态链接所需要的相关信息。

可以从两个角度来看待 ELF 文件格式，一种是从可执行程序的角度，另一种是从可链接的角度，ELF 的格式的基本结构如图 8-6 所示。

ELF 格式包含两种描述信息，一个是节（section）头信息，提供给编译器、汇编器和链接器进行重定位和链接，从这个角度看，ELF 是由若干个节构成的集合。另一个是段（segment）头信息，提供给加载器，用于加载可执行映像文件，从这个角度看，ELF 文件是由若干个段构成的集合。通常，一个段由若干个节组成，一个 ELF 常常只包含很少几个段，例如只读代码段和可读写的数据段等。

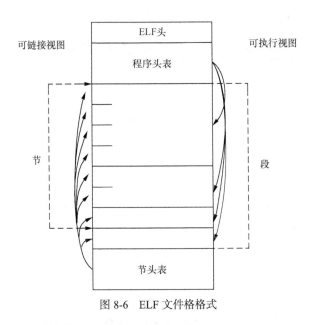

图 8-6　ELF 文件格格式

## 8.4.2　可执行文件的加载

ELF 的可执行文件的加载是通过系统调用 exec 完成的。当进程调用 exec 函数加载 ELF 可执行文件时，exec 将以新加载程序的段替换当前进程相应的正文、数据、堆和栈段；同时，保留大部分的进程属性。例如进程 ID、父进程 ID、进程组 ID、实际用户 ID、实际用户组 ID、会话 ID、当前目录、根目录、umask 和打开的文件等。但当加载可执行文件的 SETUID 或 SETGID 位被设置，进程的有效用户 ID 和有效用户组 ID 则被设置为该文件的属主用户 ID 和属主用户组 ID。

exec 相关函数

| 头文件 | #include <unistd.h> |
|---|---|
| 函数原型 | int execl(const char *path, const char *arg, ...);<br>int execv(const char *path, char *const argv[]);<br>int execle(const char *path, const char *arg , ..., char * const envp[]);<br>int execve(const char *path, char *const argv [], char *const envp[]);<br>int execlp(const char *file, const char *arg, ...);<br>int execvp(const char *file, char *const argv[]); |
| 功能 | 加载可执行二进制映像文件 |
| 参数 | pathname 执行文件路径名<br>argv 参数数组，arg0、arg1 等<br>envp 环境变量 |
| *返回值* | 如果出错，返回−1 |

无论以何种形式加载可执行映像文件，目的是在调用该函数的进程空间中重新构建执行环境，重新建立代码段、数据段、环境变量列表、命令行参数、堆和栈。基本过程如图 8-7 所示，以新加载可执行映像文件中的代码段、数据段以及携带的命令行参数和环境变量替换进程中原有相应区域，建立新的运行环境，原有执行流程将不再发挥作用。

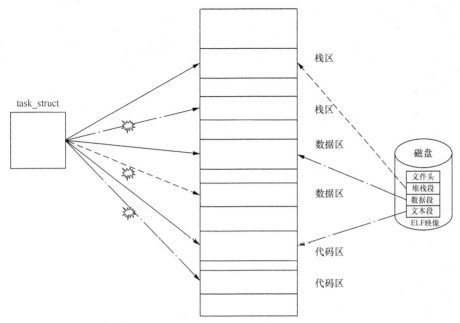

图 8-7　执行 exec 系统调用后进程的虚拟地址空间

exec 系列函数以携带不同环境参数的方式加载二进制映像文件，函数之间的关系如图 8-8 所示。函数 execve 为一般形式，在加载程序时，需要同时定义命令行参数和环境变量，但并非每次都需重新定义环境变量，因此其他函数均为 execve 函数的特殊形式，最终均要调用 execve。

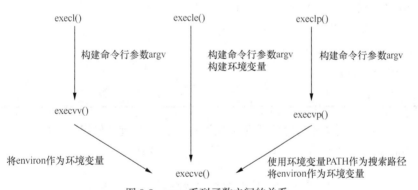

图 8-8　exec 系列函数之间的关系

exec 系列函数的命名遵从一定的规则，l 表示命令行参数由空串结束的若干字符串组成，这些函数有 execl、execlp 和 execle；v 表示命令行参数用字符串数组表示，函数包括 execv、execvp 和 execve；e 表示不使用原有的环境变量，而是自身携带环境变量，环境变量以字符串数组的形式表示，函数包括 execle 和 execve，其余 4 个函数使用原有的环境变量 environ；p 表示加载程序时使用环境变量中的 PATH 作为搜索路径，这些函数有 execlp 和 execvp，函数的第一个参数只需指定文件名，在使用这些函数加载程序时，将从环境变量 PATH 搜索文件名，其余 4 个函数则需说明路径名。需要注意的是命令行的第一个参数通常为加载程序的名称。

**实例分析**

（1）显示进程的环境信息，包括局部、全局变量的地址、命令行参数和环境变量。代码如程序 8-11 所示。

程序 8-11　显示进程空间中的环境信息

```
// exam8-11.c
#include <stdio.h>
/*程序名为 test.c */
#include <stdio.h>
int glob=18;
    extern char    **environ;
int main(int argc,char *argv[])
{
        int local=20;
        int k;
        char **ptr;
        glob++;
        local++;
        printf("glob = %d, local = %d\n",&glob,&local);
        printf("argc%d \n",argc);
        for(k=0;k<argc ;k++) //显示命令行参数
          printf("argv[%d] \t %s \n",k, argv[k]);
         // 显示所有环境变量
         for (ptr = environ; *ptr != 0; ptr++)
            printf("%s\n", *ptr);
}
```

将上述 exam8-11.c 编译链接生成可执行程序 test，供下列程序使用。

（2）运用 exec 函数加载可执行程序，代码如程序 8-12 所示。

程序 8-12　运用 exec 函数加载可执行程序

```
// exam8-12.c
#include <stdio.h>
int main()
{
        printf("Before exec\n");
        execl("test", "test", 0);
        printf("After exec\n");
}
```

exec 函数不携带命令行参数和环境变量，但将 environ 指向的字符串数组作为环境变量。

（3）运用 execl 函数加载可执行程序，并传入参数，代码如程序 8-13 所示。

程序 8-13　运用 execl 函数加载可执行程序

```
// exam8-13.c
#include <stdio.h>
main()
{
    printf("this is the original program\n");
    execl("./test","test","parm1","parm2","parm3",(char *) 0);
    perror("This line should never get printed\n");
}
```

execl 函数携带命令行参数，但不重新定义环境变量，而是将 environ 指向的字符串数组作为环境变量。

（4）运用 execv 函数加载可执行程序，代码如程序 8-14 所示。

程序 8-14　运用 execv 函数加载可执行程序

```
// exam8-14.c
#include <stdio.h>
main()
{
        static char *nargv[] = {
                "test","parm1","parm2","parm3",(char *) 0};
        printf("this is the original porgram\n");
        execv("./test",nargv);
        perror("This line should never get printed\n");
}
```

execv 与 execl 函数的区别是 execv 将命令行参数存放在字符串数组中，环境变量同样取自 environ 指向的字符串数组。

（5）运用 execve 函数加载可执行程序，代码如程序 8-15 所示。

程序 8-15　运用 execve 函数加载可执行程序

```
// exam8-15.c
#include <stdio.h>
main()
{
    static char *nargv[] = {
        "test", "parm1", "parm2", "parm3", (char *) 0};
    static char *nenv[] = {
        "NAME=value", "nextname=nextvalue", "HOME=/xyz", (char *) 0};
    printf("this is the original porgram\n");
    execve("./test",nargv,nenv);
```

```
        perror("This line should never get printed\n");
    }
```

execve 函数对命令行参数和环境变量均进行了定义，需注意的是，原有的环境变量将不起作用。

（6）运用 execvp 函数加载可执行程序，代码如程序 8-16 所示。

程序 8-16　运用 execvp 函数加载可执行程序

```
// exam8-16.c
#include <stdio.h>
main()
{
    static char *nargv[] = {
        "test", "parm1", "parm2", "parm3", (char *) 0};
    printf("this is the original porgram\n");
    execvp("test",nargv);
    perror("This line should never get printed\n");
}
```

execvp 函数对命令行参数进行了定义，同时也指定了程序的搜索路径，环境变量仍由 environ 指向的字符数组定义。

（7）运用 execl 函数加载 echo 程序，并传递参数，代码如程序 8-17 所示。

程序 8-17　运用 execl 函数加载 echo 程序

```
// exam8-17.c
main()
{
    int fork();
    if(fork() == 0) {
        execl("/bin/echo", "echo","this is","message one",(char *) 0);
        perror("exec one failed");
        exit(1);
    }
    if(fork() == 0) {
        execl("/bin/echo","echo","this is","message two",(char *) 0);
        perror("exec two failed");
        exit(2);
    }
    if(fork() == 0) {
        execl("/bin/echo","echo","this is","message three",(char *) 0);
```

```
        perror("exec three failed");
        exit(3);
    }
    printf("Parent program ending\n");
}
```

# 8.5　进程同步控制

当创建一个子进程后，父子进程的执行顺序无法控制。当父子进程同时操作共享资源时，不同的执行次序有可能导致不同的运行结果，从而出现数据的不一致性。为解决这一问题，须提供进程间的同步控制机制，例如基于 IPC 的进程通信和管道等。这里，介绍基于 wait 和 waitpid 函数的父子进程同步机制。

wait 和 waitpid 函数都用于等待子进程的结束。当进程结束后，进程将释放大部分的资源，只保存结束状态等信息，向父进程发送消息，并进入僵死状态，等待父进程读取子进程的状态信息，释放剩余资源。

## 8.5.1　等待子进程结束

**wait 函数**

| 头文件 | #include<sys/types.h><br>#include<sys/wait.h> |
|---|---|
| 函数原型 | pid_t wait (int * status); |
| 功能 | 暂停执行，直到一个子进程结束 |
| 参数 | status 子进程状态 |
| *返回值* | 成功返回子进程的 PID，否则返回–1，错误原因在 error 中 |

wait 函数的功能是获取子进程如何终止的信息，清除子进程的剩余资源。父进程调用 wait 函数后进入阻塞队列，等待某个子进程的结束。当子进程结束时，会产生一个终止状态字，并向父进程发出 SIGCHILD 信号，父进程收到该信号，如果希望获得子进程的结束状态，则调用 wait 函数，否则父进程将忽略该信号。

通常，进程有两种结束方式，一种是进程通过调用 exit 系统调用结束进程；另一种是被其他进程或系统管理员通过向进程发送消息的方式杀死。无论哪种方式结束进程，都可从 status 中获得相关信息。

status 的定义

status 用于存放子进程结束的信息，status 是一个 16 位整型，若 status 的低 8 位值等于 0177，则高 8 位用于存放导致子进程暂停的信号编码；若低 8 为非 0，且不等于 0177，则低 7 位用于存放导致子进程结束的信号编码；否则，高 8 位中存放子进程通过 exit 系统调用传送的返回值。父进程可以用下列宏定义判断子进程的结束状态。

| status 的值 | 含　义 |
|---|---|
| WIFEXITED(status) | 非零，表示正常结束 |
| WEXITSTATUS(status) | 返回正常结束状态 |
| WIFSIGNALED(status) | 非零，因某个信号结束 |
| WTERMSIG(status) | 返回导致进程结束的信号编码 |
| WIFSTOPPED(status) | 非零，表示进程处于暂停状态 |
| WSTOPSIG(status) | 返回导致进程暂停的信号编码 |
| WCOREDUMP(status) | 非零，表示进程产生了 core dump |

**实例分析**

（1）根据进程返回的状态字，分析进程结束的原因，显示相应的结果，代码如程序 8-18 所示。

程序 8-18　判断进程结束的原因

```
// exam8-18.c
#include <sys/wait.h>
void process_exit(int status)
{
    if (WIFEXITED(status))
        printf("normal termination, exit status = %d\n",
                WEXITSTATUS(status));
    else if (WIFSIGNALED(status))
        printf("abnormal termination, signal number = %d%s\n",
                WTERMSIG(status),
#ifdef    WCOREDUMP
                WCOREDUMP(status) ? " (core file generated)" : "");
#else
                "");
#endif
    else if (WIFSTOPPED(status))
        printf("child stopped, signal number = %d\n",
                WSTOPSIG(status));
}
```

（2）模拟子进程的各种结束场景，父进程显示子进程结束的状态，代码如程序 8-19 所示。

程序 8-19　显示子进程结束的状态

```
// exam8-19.c
#include <sys/wait.h>
#include <sys/wait.h>
```

```
#include <sys/types.h>
void     process_exit(int status)
{
    if (WIFEXITED(status))
        printf("normal termination, exit status = %d\n",WEXITSTATUS(status));
    else if (WIFSIGNALED(status))
        printf("abnormal termination, signal number = %d%s\n",WTERMSIG(status),
#ifdef   WCOREDUMP
                    WCOREDUMP(status) ? " (core file generated)" : "");
#else
                    "");
#endif
    else if (WIFSTOPPED(status))
        printf("child stopped, signal number = %d\n",WSTOPSIG(status));
}
int main(void)
{
    pid_tpid;
    intstatus;
    if ((pid = fork()) < 0)
        printf("fork error");
    else if (pid == 0)          //子进程
        exit(7);
    if (wait(&status) != pid)   //等待子进程
        printf("wait error");
    process_exit(status);       //显示结束状态
    if ((pid = fork()) < 0)
        printf("fork error");
    else if (pid == 0)          //子进程
        abort();                //产生信号  SIGABRT
    if (wait(&status) != pid)   //等待子进程
        printf("wait error");
    process_exit(status);       //显示子进程结束状态
    if ((pid = fork()) < 0)
        printf("fork error");
    else if (pid == 0)          //子进程
        status /= 0;            //除法异常，产生信号 SIGFPE
    if (wait(&status) != pid)   //等待子进程
        printf("wait error");
```

```
    process_exit(status);          //显示子进程结束状态
    exit(0);
}
```

## 8.5.2　等待指定子进程

**waitpid 函数**

| 头文件 | #include<sys/types.h><br>#include<sys/wait.h> |
|---|---|
| 函数原型 | pid_t waitpid(pid_t pid,int * status,int options) |
| 功能 | 等待指定子进程结束 |
| 参数 | pid　指定等待的进程<br>status　保存子进程状态<br>options　指定等待的方式 |
| 返回值 | 成功返回子进程的 ID,若设置了 WNOHANG 且未发现子进程,则返回 0,<br>出错则返回-1 |

waitpid 函数的第一个参数 pid 表示等待的进程，其定义如下。

| pid 的值 | 含　义 |
|---|---|
| <-1 | 等待 pid 所代表的进程组中的进程 |
| -1 | 等待任何子进程 |
| 0 | 等待与该进程同组的进程 |
| >0 | 等待进程的标识为 pid |

waitpid 函数的第三个参数 options 表示等待的方式，其定义如下。

| options 的值 | 含　义 |
|---|---|
| WNOHANG | 表示进程不阻塞 |
| WUNTRACED | 当有子进程结束时返回 |

**实例分析**

（1）创建一个子进程，在子进程中执行 ls 命令，父进程一直等待直至子进程运行结束，代码如程序 8-20 所示。

程序 8-20　等待子进程中命令运行结束

```
// exam8-20.c
#include<sys/types.h>
#include<sys/wait.h>
#include <unistd.h>
char*env_init[] = { "USER=unknown", "PATH=/tmp", NULL };
intmain(void)
```

```
{
    pid_tpid;
    if ( (pid = fork()) < 0)
        printf("fork error");
    else if (pid == 0) {/                          // 子进程
        if (execle("/bin/ls",
                        "ls", "/", 0,
                        env_init) < 0)
            printf("execle error");
    }
    if (waitpid(pid, NULL, 0) < 0)          // 等待同组子进程的结束，不保留进程的状态
        printf("wait error");
    exit(0);
}
```

（2）依次创建五个子进程，父进程依次等待它们结束，并显示子进程结束的状态，代码如程序 8-21 所示。

程序 8-21　依次等待多个子进程结束，并显示子进程结束状态

```
// exam8-21.c
#include<sys/types.h>
#include<sys/wait.h>
#include <stdio.h>
int    main(void)
{
    pid_t pid[10], wpid;
    int     child_status, i;
    for (i = 0; i < 5; i++)
    if ((pid[i] = fork()) == 0)
        exit(100 + i);                    //子进程
    for (i = 0; i < 5; i++) {
    wpid = waitpid(pid[i], &child_status, 0);
    if (WIFEXITED(child_status))
        printf("Child %d terminated with exit status %d\n",
                wpid, WEXITSTATUS(child_status));
    else
        printf("Child %d terminated abnormally\n", wpid);
    }
}
```

（3）创建一个子进程，在该子进程中执行命令，在父进程中设置闹钟，等待子进程结束。

如果子进程在所设闹钟时间之内仍未结束，则由定时处理函数结束进程，代码如程序 8-22 所示。

程序 8-22　设定子进程的执行时间

```c
// exam8-22.c
#include <signal.h>
#include <errno.h>
#define TIMEOUT 10
int pid;
void sigalarm();
main(int argc, char *argv[])
{
    extern int errno;
    int    status;
    if((pid = fork()) == 0) {
        execvp(argv[1], &argv[1]);
        perror(argv[1]);
        exit(127);
    }
    signal(SIGALRM, sigalarm);
    alarm(TIMEOUT);
    while(wait(&status) == -1) {
        if(errno == EINTR) {
            errno = 0;
            printf("%s: timed out\n",argv[1]);
        }
        else {
            perror(argv[0]);
            break;
        }
    }
    printf("time remaining: %d\n", alarm(0));
    exit(status >>8);
}
void sigalarm(sig)
int sig;
{
    kill(pid,SIGKILL);
}
```

# 8.6　Linux 进程环境

进程是程序的一次运行过程，Linux 内核为每个进程分配一个进程控制块，其中存放了各种管理进程所需的信息，例如进程虚拟地址空间的分布和打开的文件描述符等，此外，每个进程控制块中还存放了进程运行的环境信息，包括用户、用户组、父进程、进程组和会话等。下面介绍与进程环境有关的一些概念及其编程接口。

## 8.6.1　用户和用户组

### 1. 实际用户和实际用户组

在 Linux 系统中，同一个程序可由不同用户运行产生进程。为了反映进程的运行环境，在进程控制块中标识了实际用户和实际用户组。实际用户指的是运行该进程的登录用户；实际用户组则是运行该进程的登录用户所属的主用户组。

### 2. 有效用户和有效用户组

通常，有效用户等于实际用户，有效用户组等于实际用户组。但有时，用户在运行一些特殊程序时，例如 passwd 命令，用于修改用户的密码，但普通用户无权运行和修改 passwd 文件。为了解决这一问题，可让用户临时扮演 passwd 文件属主用户的角色，这样，用户才有权修改密码文件。此时，实际用户与有效用户就不同了，实际用户为登录用户，而有效用户为 passwd 文件的属主用户；同样，可使用户临时扮演其他某用户组中用户的角色，以实现对特定资源的访问。

getuid 函数

| 头文件 | **#include <unistd.h>** |
| --- | --- |
| 函数原型 | pid_t getuid(void); |
| 功能 | 获得当前进程实际用户 ID |
| 参数 | 无 |
| *返回值* | 返回当前进程实际用户 ID |

geteuid 函数

| 头文件 | **#include <unistd.h>** |
| --- | --- |
| 函数原型 | pid_t geteuid(void); |
| 功能 | 获得当前进程有效用户 ID |
| 参数 | 无 |
| *返回值* | 返回当前进程有效用户 ID |

getgid 函数

| 头文件 | **#include <unistd.h>** |
| --- | --- |
| 函数原型 | pid_t getgid(void); |
| 功能 | 获得当前进程实际用户组 ID |
| 参数 | 无 |
| *返回值* | 返回当前进程实际用户组 ID |

#### gettegid 函数

| 头文件 | #include <unistd.h> |
|--------|---------------------|
| 函数原型 | pid_t gettegid(void); |
| 功能 | 获得当前进程有效用户组 ID |
| 参数 | 无 |
| *返回值* | 返回当前进程有效用户组 ID |

#### 实例分析

显示当前进程的实际用户 ID、有效用户 ID、实际用户组 ID 和有效用户组 ID，代码如程序 8-23 所示。

程序 8-23　显示进程中与用户相关信息

```
// exam8-23.c
#include <stdio.h>
#include <unistd.h>
int main(void) {
    printf("My real user ID is %5ld\n", (long) getuid());
    printf("My effective user ID is %5ld\n", (long) geteuid());
    printf("My real group ID is %5ld\n", (long) getgid());
    printf("My effective group ID is %5ld\n", (long)getuid());
    return 0;
}
```

## 8.6.2　进程和进程组

### 1．父子进程

每个进程都有一个 ID 作为标识，不同进程的 ID 不同。每个进程都有一个父进程 ID，用于标识进程的创建者。当父进程由于某种原因先于子进程结束，则子进程将变为孤儿进程，此时，子进程由养父 init 进程进行管理。进程和进程组的 ID 一旦分配就不能改变。

#### getpid 函数

| 头文件 | #include <unistd.h> |
|--------|---------------------|
| 函数原型 | pid_t getpid(void)； |
| 功能 | 获得当前进程 ID |
| 参数 | 无 |
| *返回值* | 返回当前进程 ID |

**getppid 函数**

| 头文件 | #include <unistd.h> |
|--------|---------------------|
| 函数原型 | pid_t getppid(void); |
| 功能 | 获得父进程 ID |
| 参数 | 无 |
| *返回值* | 返回父进程 ID |

### 实例分析

创建一子进程，分别在父子进程中显示父子进程的 ID，代码如程序 8-24 所示。

程序 8-24　显示进程 ID 和父进程 ID

```
// exam8-24.c
#include <stdio.h>
main()
{
    printf("%d 's parent process id: %d\n",getpid(), getppid());
    if ( fork()==0)
        printf("%d 's parent process id: %d\n",getpid(), getppid());
    else
        printf("%d 's parent process id: %d\n",getpid(), getppid());
}
```

程序 8-24 的一次运行结果如下所示。

1599 's parent process id: 1464

1600 's parent process id: 1599

1599 's parent process id: 1464

### 2. 进程组

有时，为了完成某项工作，需要有多个进程参与协作，例如在 Shell 下执行 a | b | c | d，此时，Shell 将产生 4 个子进程，如果在执行过程中，键入 Ctrl+C 结束运行，系统应将信号 SIGINT 发送给这 4 个子进程。因此，为了便于管理，为这 4 个进程定义一个进程组，这样信号 SIGINT 只要发送给这个进程组即可。一个进程组包含一个以上的进程，这些进程中可以有一个领头进程，其进程 ID 等于进程组 ID，进程组的生命周期与领头进程的结束与否无关，当进程组中不包含进程时，进程组自动消失。

### 3. 孤儿进程组

当进程组中每个成员的父进程都属于该进程组或不属于当前会话，此时，该进程组成为孤儿进程组。

### 4. 进程组与控制终端

用户登录系统后 Shell 开始运行，此时，Shell 拥有对终端的控制权，Shell 成为控制进程。当 Shell 执行一个前台命令时，首先，Shell 创建一个子进程，为其定义单独的进程组，然后加载命令，并使其拥有终端的控制权，在终端上产生的所有信号都被送给前台进程，而不是其父进程 Shell；当前台进程运行结束，原来的父进程 Shell 将重新获得对终端的控制权。

当 Shell 执行一个后台进程时，首先，Shell 创建一个子进程，为其定义单独的进程组，然后，在子进程中加载命令，但不将终端控制权传递给子进程。此时，在终端上产生的所有信号，将发送给其父进程 Shell，如果后台进程试图从终端读取数据，它将产生信号 SIGTTIN，同时暂停。

### getpgrp 函数

| 头文件 | #include <unistd.h> |
|---|---|
| 函数原型 | pid_t getpgrp(void); |
| 功能 | 获得当前进程所属进程组 ID |
| 参数 | 无 |
| *返回值* | 返回当前进程所属进程组 ID |

### setpgid 函数

| 头文件 | #include <unistd.h> |
|---|---|
| 函数原型 | int setpgrp(void); |
| | pid_t    setpgid( pid_t pid, pid_t pgrpId); |
| 功能 | 设置进程组 ID |
| 参数 | pid 进程 ID |
| | pgrpId 进程组 ID |
| *返回值* | 成功返回进程组 ID，否则返回-1 |

setpgid 函数用于设置进程 ID 为 pid 的进程的进程组 ID 为 pgrpId，如果 pid 的值为 0，则将当前进程组 ID 设置为当前进程 ID。

**实例分析**

（1）显示父子进程所属的进程组 ID 和对信号 SIGINT 的处理，代码如程序 8-25 所示。

程序 8-25　信号 SIGINT 发送至同一个进程组

```
// exam8-25.c
#include <signal.h>
#include <stdio.h>
 void sigintHandler()
  {
     printf("Process %d got a SIGINT \n", getpid() );
  }
main()
  {
  signal( SIGINT, sigintHandler);       // 处理 Control-C
  if ( fork() == 0 )                     //子进程
    printf("Child PID %d PGRP %d waits \n", getpid(), getpgid(0));
  else
    printf("Parent PID %d PGRP %d waits \n", getpid(), getpgid(0));
  pause();
  }
```

程序 8-25 的运行结果如下。

```
$ pgrp1
  Parent PID 24583 PGRP 24583 waits
  Child PID 24584 PGRP 24583 waits
  ^C
  Process 24584 got a SIGINT
  Process 24583 got a SIGINT
```

（2）为子进程定义一个新的进程组，此时，终端只将信号 SIGINT 发送给父进程，代码如程序 8-26 所示。

程序 8-26  为子进程定义新的进程组

```
// exam8-26.c
#include <signal.h>
#include <stdio.h>
 void sigintHandler()
  {
     printf("Process %d got a SIGINT\n", getpid() );
     exit(1);
   }
  main() {
      int   i;
  signal( SIGINT, sigintHandler );     // 安装信号处理函数
  if ( fork()==0 )
      setpgid( 0, getpid() );          //为子进程定义进程组
  printf("Process PID %d PGRP %d waits \n", getpid(), getpgid(0) );
      pause();
}
```

程序 8-26 的运行结果如下。

```
Process PID 24591 PGRP 24591 waits
Process PID 24592 PGRP 24592 waits
^C                                //键入 Control-C
Process 24591 got a SIGINT        //父进程接收到信号
```

（3）无终端连接的新进程组中的进程试图从终端上读入数据，将产生信号 SIGTTIN，代码如程序 8-27 所示。

程序 8-27  无终端连接进程的读操作

```
// exam8-27.c
#include <signal.h>
#include <stdio.h>
#include <fcntl.h>
 void sigttinHandler(){
```

```
        printf("Attempted inappropriate read from control terminal \n");
        exit(1);
    }
main() {
  int    status;
  char str[100];
    if ( fork() == 0 )    {                      //子进程
        signal( SIGTTIN, sigttinHandler);        //安装信号处理程序
        setpgid( 0, getpid() );                  //建立新进程组
        printf("Enter a string: ");
        scanf("%s", str);                        //试图从终端读入数据
        printf("You entered %s \n", str);
    }
    else                                         //父进程
        {
            wait(&status);                       //等待子进程结束
        }
}
```

程序 8-27 的运行结果如下。

Enter a string: Attempted inappropriate read from control terminal

$

## 8.6.3   会话

会话用于标识用户登录的每一个终端，每个登录终端都有一个会话 ID 与其对应；用户可在登录的终端上输入多个命令，产生多个进程组，登录终端上所有进程组中的进程都拥有同一个会话 ID，如果调用 setsid 函数的进程不是进程组中的领头进程，则可建立新的会话，该进程成为领头会话，同时产生一个新的进程组，且该进程为新进程组的领头进程，但不拥有终端。

getsid 函数

| 头文件 | #include <unistd.h> |
|---|---|
| 函数原型 | pid_t getsid(pid_t pid); |
| 功能 | 获得进程所属会话 ID |
| 参数 | pid 需获得会话的进程 ID |
| *返回值* | 成功返回会话 ID，错误返回-1 |

setsid 函数

| 头文件 | #include <unistd.h> |
|---|---|
| 函数原型 | pid_t setsid(void); |
| 功能 | 创建一个新的会话，使进程组 ID 等于该会话 ID |
| 参数 | 无 |
| *返回值* | 成功返回新的进程组 ID，错误返回-1 |

**实例分析**

创建子进程，在子进程中建立新的领头会话，代码如程序 8-28 所示。

程序 8-28　在子进程中创建新的领头会话

```
// exam8-28.c
#include<sys/types.h>
#include<sys/stat.h>
#include<fcntl.h>
int    main(void)
{
  int p,pid;
p = fork();
if (p)
    exit(0);
pid = setsid();
return pid;
}
```

在程序 8-28 中，为了创建新的会话，创建新会话的进程不能为领头进程，通过创建子进程的方法可以实现这一目的。此时，进程标识为 pid 的进程成为一个新的领头会话进程，同时，也成为新进程组的领头进程，在该会话和进程组中目前只有一个进程，但该进程不包含控制终端。

## 8.6.4　守护进程

守护进程是一种运行于后台，且不受任何终端影响的进程，因此，需要关闭标准输入、标准输出和标准错误输出的文件描述符。通常守护进程以服务进程的形式存在，例如 Web 服务器和邮件服务器等。同时要使守护进程脱离用户环境，所以需将工作目录修改为系统工作目录。

创建守护进程的步骤如下。

1. 创建子进程后结束父进程。
2. 在子进程中建立新的领头会话。
3. 修改工作目录和权限掩码信息。
4. 关闭文件描述符 0、1 和 2。

**实例分析**

创建一个守护进程的初始化函数，代码如程序 8-29 所示。

程序 8-29　演示创建一个守护进程的初始化函数

```
// exam8-29.c
#include<sys/types.h>
#include<sys/stat.h>
#include<fcntl.h>
intdaemon_
```

```
{
    pid_tpid;
    if ( (pid = fork()) < 0)
        return(-1);
    else if (pid != 0)
        exit(0);              //结束父进程
    setsid();                 //创建领头会话
    system("cd /");           //改变工作目录
    umask(0);                 //清除权限掩码
    close(0);                 //关闭标准输入文件描述符
    close(1);                 //关闭标准输出文件描述符
    close(2);                 //关闭标准错误输出文件描述符
    return(0);
}
int main()
{
daemon_init();
while(1)
;
}
```

# 第9章
# Linux 进程通信

## 9.1　进程通信概述

在 Linux 系统中，各进程的用户地址空间彼此独立，一个进程不能直接访问另一个进程的用户地址空间，而不同进程之间都拥有相同的内核地址空间，Linux 内核对于各进程来说是共享的，因此，进程之间可通过内核实现通信。此外，进程也可通过文件、信号或网络实现数据交换。在没有 IPC 之前，两个进程通过文件交换数据，但这种方式操作起来不够方便，而且效率较低。若使用信号，无法实现在两个进程间传递大量的信息。后来，引入了管道、IPC 和网络套接字的概念和技术用于实现多进程间的同步与通信。

### 9.1.1　进程通信方式

Linux 内核实现了对管道和 System V IPC 的支持，管道根据其实现方式可分为无名管道和命名管道；System V IPC 共包含三种 IPC 对象，它们由内核进行统一管理，这三种 IPC 对象具有相似的应用编程接口和使用方法。在 Linux 环境下，可用下列命令查看当前系统中 IPC 对象的状态。

ipcs 命令

列出目前系统中存在的各种 IPC 对象的状态。

ipcrm 命令

删除系统中存在的 IPC 对象。

### 9.1.2　应用编程接口

本章介绍基于管道和 IPC 的进程通信，其中 IPC 包括:消息队列、信号量和共享内存，表 9-1 给出本章各节所涉及的应用编程接口。

表 9-1　　　　　　　　　　　　与管道和 IPC 相关的应用编程接口

| 分　类 | API | 功　能　描　述 |
|---|---|---|
| 管道 | pipe | 建立无名管道 |
| | popen | 打开命令的标准输入或输出 |
| | pclose | 关闭由 popen 打开的管道 |
| | mkfifo | 创建命名管道 |

| 分 类 | API | 功 能 描 述 |
|---|---|---|
| 信号量 | semget | 获得或创建信号量 |
| | semop | 对信号量的 P / V 操作 |
| | semctl | 在信号量集上的控制操作 |
| 消息队列 | msgget | 获得或创建消息队列 |
| | msgsnd | 向消息队列中发送消息 |
| | msgrcv | 从消息队列中接收消息 |
| | msgctl | 控制消息队列 |
| 共享内存 | shmget | 获取或建立共享内存 |
| | shmat | 将共享内存映射至进程的虚拟地址空间 |
| | shmdt | 取消共享内存的映射 |
| | shmctl | 删除和控制共享内存 |

# 9.2 管 道

管道是在同一台计算机上两个进程之间进行数据交换的一种机制。它具有单向、先进先出、无结构的字节流等特点；管道有两个端点，一端用于写入数据，另一端用于读出数据，当数据从管道中读出后，这些数据将被移走。当进程从空管道中读取或写入已满的管道时，进程将被挂起，直到有进程向管道中写入数据或从管道中读取数据，此时，处于等待状态的进程具有重新获得 CPU 的机会。根据管道提供应用接口的不同，管道可分为命名管道和无名管道。

## 9.2.1 无名管道

无名管道是在内核中建立一条管道，管道有两个端，一端用于写，另一端用于读，从管道写入端写入的数据可以从管道的读出端读出。

### 1. 无名管道的编程接口

pipe 函数

| 头文件 | #include <unistd.h> |
|---|---|
| 函数原型 | int pipe(int fd[2]); |
| 功能 | 创建无名管道 |
| 参数 | fd 包含两个文件描述符的数组，fd[0]用于读，fd[1]用于写 |
| 返回值 | 成功返回 0，否则返回−1 |

在 Linux 系统中，pipe 函数的实现是通过在内存中建立两个文件描述符，在一个文件描述符上定义了读操作，而在另一个描述符上定义了写操作。在调用 pipe 函数后，fd 数组会被填入两个文件描述符，其中，fd[0]为读出端，fd[1]为写入端。但需注意的是：管道的操作是单向的，只能从 fd[1]写入，从 fd[0]读出。上述的两个文件描述符可与普通文件一样操作，例如 read、write 和

close 等。由于 pipe 函数在内核中建立一个 i 节点，数据的交换依靠内存，具有较高的效率，创建无名管道的过程如图 9-1 所示。

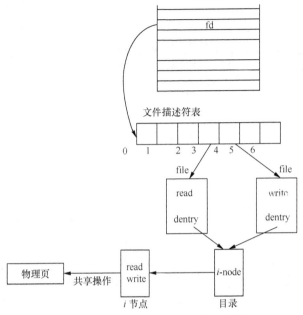

图 9-1　Linux 系统中管道的实现机制

① 读管道

如果管道中没有数据，通常读进程将被阻塞，直到管道中有数据为止；如果管道写端没有任何写进程将返回 0，表示文件的结束。

② 写管道

假设要向管道中写入 n 字节，而管道缓冲区中剩余空间小于 n 字节，通常写进程被阻塞，直到管道缓冲区中有大于或等于 n 个字节的剩余空间。如果管道的读端被关闭，则会产生 SIGPIPE 信号，返回−1，errno 设置为 EPIPE。

**2. 管道的使用方法**

通常，一个管道对应一个读进程和一个写进程。有时，也可有一个读进程和多个写进程，由多个写进程向管道的写端写入数据。进程在使用 pipe 函数创建无名管道时，管道两个端点对应的两个文件描述符属于进程的用户地址空间，如果其他进程需要操作管道的另一端，就必须继承这一文件描述符资源，因此，可通过父进程创建子进程的方式，分别对管道的一端进行读写。下面以 shell 命令为例，分析 Shell 如何通过创建子进程的方式实现基于管道的进程通信。如图 9-2 所示，在 Shell 命令提示符下输入命令 cat file | grep "pipe" | more，假设当前 Shell 进程 PID 为 100，首先，PID 为 100 的 Shell 创建一 PID 为 101 的子 Shell 进程，接着，PID 为 101 的 Shell 创建两个子进程，进程 PID 分别为 102 和 103，命令 more、grep 和 cat 通过 exec 分别加载至 PID 为 101、103 和 102 进程的地址空间，且在进程 102 与 103 及 103 与 102 之间建立无名管道，通过管道实现信息的输入和输出。

**实例分析**

创建一个无名管道，父进程负责向管道中写入数据，子进程负责从管道中读取数据，代码如程序 9-1 所示。

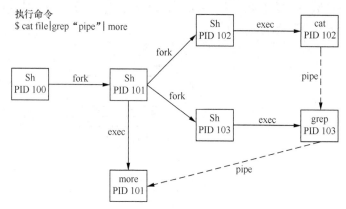

执行命令
$ cat file|grep "pipe" | more

图 9-2 Shell 下管道命令的内部执行过程

程序 9-1 父子进程分别读写管道的两端

```
// exam9-1.c
#include <stdio.h>
#include <unistd.h>
#include <sys/types.h>
int main(void) {
    pid_t pid;
    int fd_arr[2], i, n;
    char chr;
    pipe(fd_arr);
    pid = fork();
    if (pid == 0)    {              // 子进程
            close (fd_arr[1]);    // 关闭写入端
        //从管道中读取数据
        for( i = 0 ; i < 10 ; i++) {
            read(fd_arr[0], &chr, 1);
            printf("%c\n", chr);
        }
        close(fd_arr[0]);
        exit (0);
    }
    // 父进程
    close (fd_arr[0]);             // 关闭管道的读入端
    // 向管道中写入数据
    for( i = 0 ; i < 10 ; i++) {
        chr = 'a' + i;
        write (fd_arr[1], &chr, 1);
    sleep(1);
```

```
        }
        close (fd_arr[1]);
    }
```

### 3. 利用管道读写命令的执行

如果只要读取某个进程的结果，或写入某个进程的输入，可使用 popen 函数，popen 函数的执行过程是：首先调用 pipe 函数创建管道，然后调用 fork 函数创建子进程，在子进程中调用 execve 函数执行相关命令。

popen 函数

| 头文件 | #include <stdio.h> |
| --- | --- |
| 函数原型 | FILE *popen(const char *command, const char *type); |
| 功能 | 打开命令的标准输入或输出 |
| 参数 | command 执行的 Shell 命令<br>type 命令执行的输入输出类型 |
| *返回值* | 成功返回文件 I/O 流，否则返回 NULL |

popen 函数中的第二个参数 type 表示命令执行的输入输出类型，定义如下。

| type 的取值 | 含义 |
| --- | --- |
| r | 打开命令执行的标准输出 |
| w | 打开命令执行的标准输入 |

pclose 函数

| 头文件 | |
| --- | --- |
| 函数原型 | int pclose(FILE *stream); |
| 功能 | 关闭由 popen 打开的管道 |
| 参数 | stream 由 popen 打开的管道 |
| *返回值* | 命令执行的返回状态 |

### 实例分析

编写一个程序，运用 popen 函数读取命令 ls –a 的执行结果，代码如程序 9-2 所示。

程序 9-2　运用 popen 函数读取命令 ls –a 的执行结果

```
// exam9-2.c
#include <stdio.h>
int main(void){
    FILE *fp;
    char buf[256];
    int line=1;
    fp=popen("/bin/ls -a" ,"r");
    while(fgets(buf,256,fp)!=NULL){
```

```
        printf("%d: %s",line++,buf);
    }

    pclose(fp);
}
```

## 9.2.2　命名管道

与无名管道不同，命名管道作为一个特殊的文件保存在文件系统中，任意一个进程都可以对命名管道进行读写，只要进程具有相应的读写权限。

**mkfifo 函数**

| 头文件 | #include <sys/types.h><br>#include <sys/stat.h> |
|--------|----------------------------------------------|
| 函数原型 | int mkfifo(const char *pathname, mode_t mode); |
| 功能 | 创建命名管道 |
| 参数 | pathname 文件路径名<br>mode 存取权限 |
| *返回值* | 成功返回 0，否则返回−1，错误信息在 errno 中 |

mkfifo 函数在文件系统中建立一个名为 pathname 的管道文件，它的存取权限由参数 mode 决定；真正建立管道文件的权限为 mode &~umask，umask 是用户登录时，系统定义的权限掩码，当管道文件建立后，命名管道可被进程当作普通文件一样进行读写操作。

**实例分析**

（1）建立名为 fifo 的管道文件，存取权限为 0660，代码如程序 9-3 所示。

程序 9-3　创建命名管道

```
// exam9-3.c
#include <sys/types.h>
#include <sys/stat.h>
int main(void){
    mkfifo("fifo",0660);    // 创建命名管道
}
```

（2）打开命名管道文件 fifo，并向管道中写入数据，代码如程序 9-4 所示。

程序 9-4　向命名管道中写数据

```
// exam9-4.c
#include <sys/types.h>
#include <sys/stat.h>
#include <fcntl.h>
int main(void){
```

```
int fd=open("fifo",O_WRONLY); //write to fifo
write(fd,"fifo test\n",10);
}
```

（3）打开命名管道文件 fifo，并从管道中读出数据，代码如程序 9-5 所示。

程序 9-5　从命名管道中读数据

```
// exam9-5.c
#include <sys/types.h>
#include <sys/stat.h>
#include <fcntl.h>
int main(vold){
    char buf[256];
    int fd=open("fifo",O_RDONLY); //read from fifo
    read(fd,buf,256);
    printf("%s",buf);
}
```

# 9.3　IPC 概述

## 1．IPC 概述

Linux 进程的用户地址空间彼此相互独立，一个进程不能直接访问另一个进程的用户地址空间。但 Linux 中进程的内核地址空间则是相同的，不同的进程可通过内核空间进行数据交换。IPC 便是通过在内核中建立 IPC 对象实现多个进程之间的通信。IPC 的内容包括：信号量、消息队列和共享内存。

## 2．IPC 对象识别

每一个 IPC 对象都有一个正整数标识，同一类型的 IPC 对象的标识不会重复。与文件描述符不同的是，IPC 对象的标识是全局的，用于识别整个系统中不同的 IPC 对象。IPC 对象标识不是从零开始计算的，而是一直累计下去的。

IPC 对象的标识由进程运行时决定，不是每次都相同。因此，进程为了通信，不仅要知道使用的 IPC 对象类型，而且也需知道 IPC 对象的标识，但是进程在执行前并不知道 IPC 对象的标识，下面给出几种解决方法。

（1）创建 IPC 对象时，key 使用 IPC_PRIVATE，这样就保证返回一个新的 IPC 对象标识，然后将这一标识存放于某个文件中，其他进程便可打开该文件获得该 IPC 对象的标识。

（2）可将 key 写在某个头文件中，需要使用该 IPC 对象的进程包含该头文件，使用预先定义好的标识，但这种方式不能保证其他进程使用该标识。

# 9.4　信　号　量

信号量与其他 IPC 不同，并没有在进程之间传送数据，信号量用于多进程在存取共享资源时的同步控制，就像交通路口的红绿灯一样，当信号量的值大于 0 时，表示绿灯，允许通过；当信号量的值等于 0 时，表示红灯，必须停下来等待绿灯才能通过。

## 9.4.1　创建信号量

semget 函数

| 头文件 | #include <sys/types.h><br>#include <sys/ipc.h><br>#include <sys/sem.h> |
|---|---|
| 函数原型 | int semget(key_t key, int nsems, int semflg); |
| 功能 | 获得或创建信号量 |
| 参数 | key IPC 的对象标识<br>nsems 信号量的数量<br>semflg 存取权限或创建条件 |
| *返回值* | 成功返回信号量的标识，否则返回−1 |

semget 函数用来建立或取得信号量，第一个参数 key 如果为 IPC_PRIVATE，则建立一个新的信号量，如果 key 不为 IPC_PRIVATE，且 key 所对应的信号量已存在，则返回该信号量；第二个参数 nsems 用于说明创建信号量对象的数量；第三个参数 semflg 的值取决于使用 semget 的目的，如果 semget 用于创建新的信号量，则 semflg 的值为 IPC_CREAT | perm，perm 为新创建信号量的存取权限；如果 semget 用于获得已存在的信号量，则 semflg 的值为 0。

实例分析

编写一个程序，创建指定 IPC 对象标识值的信号量，信号量数量为 1，代码如程序 9-6 所示。

程序 9-6　创建信号量

```
// exam9-6.c
#include <stdio.h>
#include <sys/sem.h>
#define MY_SEM_ID120
int main()
{
  int semid;
   //创建 IPC 对象标识为 120 的信号量，信号量数量为 1
  semid = semget( MY_SEM_ID, 1, 0666 | IPC_CREAT );
  if (semid >= 0) {
    printf( "semcreate: Created a semaphore %d\n", semid );
  }
  return 0;
}
```

## 9.4.2  获得与释放信号量

semop 函数

| 头文件 | #include <sys/types.h> |
| --- | --- |
| | #include <sys/ipc.h> |
| | #include <sys/sem.h> |
| 函数原型 | int semop(int semid, struct sembuf *sops, unsigned nsops); |
| 功能 | 获得或释放信号量 |
| 参数 | semid 信号量标识 |
| | sops 指向由 sembuf 组成的数组 |
| | nsops 信号量的个数 |
| 返回值 | 成功返回 0，否则返回−1 |

semop 函数的第二个参数的数据类型为 sembuf 的指针，其中每个 sembuf 说明如何操作信号量，其定义如下。

```
struct sembuf {
ushort sem_num;       // 在信号量数组中的索引
short sem_op;         // 要执行的操作
short sem_flg;        // 操作标志
};
```

如果 sem_op 大于 0，那么操作将 sem_op 加入到信号量的值中，并唤醒等待信号增加的进程；如果 sem_op 为 0，当信号量的值是 0 时，函数返回，否则阻塞直到信号量的值为 0；如果 sem_op 小于 0，则判断信号量的值加上 sem_op 后的值，如果结果为 0，唤醒等待信号量为 0 的进程，如果小于 0，调用该函数的进程阻塞，如果大于 0，那么从信号量里减去这个值并返回。

**实例分析**

（1）编写一个程序，运用 semop 函数获得信号量，代码如程序 9-7 所示。

程序 9-7  获得信号量

```
// exam9-7.c
#include <stdio.h>
#include <sys/sem.h>
#include <stdlib.h>
#define MY_SEM_ID111
int main()
{
  int semid;
  struct sembuf sb;
  // 获得信号量标识
```

```
      semid = semget( MY_SEM_ID, 1, 0 );
   if (semid >= 0) {
      sb.sem_num = 0;
      sb.sem_op = -1;
      sb.sem_flg = 0;
      printf( "semacq: Attempting to acquire semaphore %d\n", semid );
      // 获得指定信号量
      if (semop( semid, &sb, 1 ) == -1) {
         printf("semacq: semop failed.\n");
         exit(-1);
      }
      printf( "semacq: Semaphore acquired %d\n", semid );
   }
   return 0;
}
```

（2）编写一个程序，运用 semop 函数释放信号量，代码如程序 9-8 所示。

程序 9-8　释放信号量

```
// exam9-8.c
#include <stdio.h>
#include <sys/sem.h>
#include <stdlib.h>
#define MY_SEM_ID111
int main()
{
   int semid;
   struct sembuf sb;
      // 获得信号量标识
   semid = semget( MY_SEM_ID, 1, 0 );
   if (semid >= 0) {
      printf( "semrel: Releasing semaphore %d\n", semid );
      sb.sem_num = 0;
      sb.sem_op   = 1;
      sb.sem_flg = 0;
      // 释放指定的信号量
      if (semop( semid, &sb, 1 ) == -1) {
         printf("semrel: semop failed.\n");
         exit(-1);
      }
      printf( "semrel: Semaphore released %d\n", semid );
```

```
    }
    return 0;
}
```

## 9.4.3　信号量的控制操作

semctl 函数

| 头文件 | #include <sys/types.h><br>#include <sys/ipc.h><br>#include <sys/sem.h> |
|---|---|
| 函数原型 | int semctl(int semid,　int semnum,　int cmd,　union semun arg); |
| 功能 | 在信号量集上的控制操作 |
| 参数 | semid 信号量集的标识<br>semnum 信号量集的第几个信号量，撤销信号量集时，此参数可缺省<br>cmd 用于指定操作类别<br>arg 操作的参数 |
| *返回值* | 成功返回值由具体操作决定，否则返回-1 |

semctl 函数的第三个参数 cmd 为信号量的操作，其值定义如下。

| cmd 的值 | 含　　义 |
|---|---|
| GETVAL | 获得信号量的值 |
| SETVAL | 设置信号量的值 |
| GETPID | 获得最后一次操作信号量的进程 |
| GETNCNT | 获得正在等待信号量的进程数 |
| GETZCNT | 获得等待信号量值变为 0 的进程数 |
| IPC_RMID | 删除信号量或信号量数组 |

实例分析

（1）使用 semctl 函数获得信号量的值，代码如程序 9-9 所示。

程序 9-9　读取信号量的值

```
// exam9-9.c
#include <stdio.h>
#include <sys/sem.h>
#include <stdlib.h>
#define MY_SEM_ID111
int main()
```

```
{
    int semid, cnt;
        // 获得信号量
    semid = semget( MY_SEM_ID, 1, 0 );
    if (semid >= 0) {
        // 获得信号量的值
        cnt = semctl( semid, 0, GETVAL );
        if (cnt != -1) {
            printf("semcrd: current semaphore count %d.\n", cnt);
        }
    }
    return 0;
}
```

（2）删除信号量，代码如程序 9-10 所示。

程序 9-10　删除信号量

```
// exam9-10.c
#include <stdio.h>
#include <sys/sem.h>
#define MY_SEM_ID111
int main()
{
    int semid, ret;
        // 获得信号量
    semid = semget( MY_SEM_ID, 1, 0 );
    if (semid >= 0) {
        ret = semctl( semid, 0, IPC_RMID);
        if (ret != -1) {
            printf( "Semaphore %d removed.\n", semid );
        }
    }
    return 0;
}
```

# 9.5　消 息 队 列

消息队列是存在于内核中的消息列表，一个进程可将消息发送至消息队列，另一个进程则可从消息队列中获取消息，其过程如图 9-3 所示。进程 1 将消息发送至内核的消息队列，进程 2 从内核的消息队列中获取消息，消息队列的操作方式为先进先出。

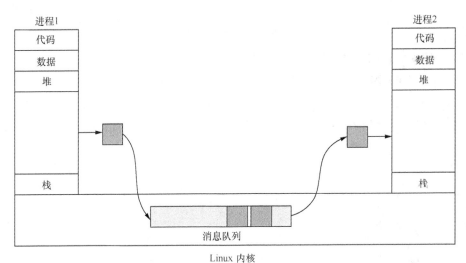

图 9-3　基于消息队列的进程通信

## 9.5.1　创建消息队列

**msgget 函数**

| 头文件 | #include <sys/types.h><br>#include <sys/ipc.h><br>#include <sys/msg.h> |
| --- | --- |
| 函数原型 | int msgget(key_t key, int msgflg); |
| 功能 | 获取或创建消息队列 |
| 参数 | key IPC 对象标识，非零或 IPC_PRIVATE<br>msgflg 存取权限或创建条件 |
| *返回值* | 成功返回消息队列标识，否则返回−1 |

msgget 函数用于获取或建立消息队列，如果 key 为 IPC_PRIVATE，则建立一个新的消息队列；如果 key 不为 IPC_PRIVATE，且 key 所对应的消息队列已经存在，则返回该消息队列的标识。以二进制表示 msgflg，其低 9 位表示消息队列的存取权限，如果 msgflg 包含 IPC_CREAT，消息队列将被建立。

**实例分析**

运用 smgget 函数创建一个消息队列，代码如程序 9-11 所示。

程序 9-11　创建一消息队列

```
// exam9-11.c
#include <stdio.h>
```

```
#include <sys/msg.h>
#define MY_MQ_ID 111
int main()
{
    int msgid;
        // 创建 IPC 对象标识为 MY_MQ_ID 的消息队列
    msgid = msgget( MY_MQ_ID, 0666 | IPC_CREAT );
    if (msgid >= 0) {
        printf( "Created a Message Queue %d\n", msgid );
    }
    return 0;
}
```

## 9.5.2  发送消息

### msgsnd 函数

| 头文件 | #include <sys/types.h><br>#include <sys/ipc.h><br>#include <sys/msg.h> |
|---|---|
| 函数原型 | int msgsnd(int msqid, struct msgbuf *msgp, size_t msgsz, int msgflg); |
| 功能 | 向消息队列中发送消息 |
| 参数 | msqid 消息队列的标识<br>msgp 发送消息的地址<br>msgsz 发送消息的字节数<br>msgflg 指定发送消息的行为 |
| *返回值* | 成功返回 0，否则返回−1 |

通常，在消息队列没有足够的空间容纳发送的消息时，msgsnd 函数将等待，直到有足够的空间容纳该消息为止；如果 msgsnd 函数的第四个参数设置为 IPC_NOWAIT，则无论消息是否发送成功，都将立刻返回，如果发送失败则返回−1。

实例分析

运用 msgsnd 函数向已存在的消息队列发送一个消息，代码如程序 9-12 所示。

程序 9-12　向消息队列发送消息

```
// exam9-12.c
#include <sys/msg.h>
#include <stdio.h>
#include <string.h>
#define MY_MQ_ID 111
```

```
#define MAX_LINE  80
typedef struct {
    long    type;                // Msg Type (> 0)
    float fval;                  // User Message
    unsigned int uival;          // User Message
    char strval[MAX_LINE+1];     // User Message
} MY_TYPE_T;
int main()
{
    MY_TYPE_T myObject;
    int qid, ret;
     // 获得已存在的消息队列
    qid = msgget( MY_MQ_ID, 0 );
    if (qid > 0) {
      // 建立消息
      myObject.type = 1L;
      myObject.fval = 128.256;
      myObject.uival = 512;
      strncpy( myObject.strval, "This is a test.\n", MAX_LINE );
       // 发送消息至消息队列
      ret = msgsnd( qid, (struct msgbuf *)&myObject,
                        sizeof(MY_TYPE_T), 0 );
      if (ret != -1) {
        printf( "Message successfully sent to queue %d\n", qid );
      }
    }
    return 0;
}
```

## 9.5.3　接收消息

### msgrcv 函数

| 头文件 | #include <sys/types.h><br>#include <sys/ipc.h><br>#include <sys/msg.h> |
| --- | --- |
| 函数原型 | ssize_t msgrcv(int msqid, struct msgbuf *msgp, size_t msgsz, long msgtyp, int msgflg); |
| 功能 | 从消息队列中接收消息 |
| 参数 | msqid 消息队列标识<br>msgp 指向接收的消息 |

| 参数 | msgsz 消息的字节数 |
| --- | --- |
| | msgflg 指定消息的类型 |
| | msgtyp 控制接收消息的行为 |
| *返回值* | 成功返回接收的字节数，否则返回−1 |

通常，在没有消息可以接收的情况下，调用 msgrcv 函数的进程被挂起，直到有可用的消息到达，如果 msgrcv 函数的第五个参数设置了 IPC_NOWAL，则无论是否接收到消息，都将立刻返回。

**实例分析**

运用 msgrcv 函数从已存在的消息队列中接收消息，代码如程序 9-13 所示。

程序 9-13  从消息队列中接收消息

```c
// exam9-13.c
#include <sys/msg.h>
#include <stdio.h>
#define MAX_LINE  80
#define MY_MQ_ID  111
typedef struct {
    long    type;                    // Msg Type (> 0)
    float fval;                      // User Message
    unsigned int uival;             // User Message
    char strval[MAX_LINE+1];        // User Message
} MY_TYPE_T;
int main()
{
  MY_TYPE_T myObject;
  int qid, ret;
  qid = msgget( MY_MQ_ID, 0 );
  if (qid >= 0) {
    ret = msgrcv( qid, (struct msgbuf *)&myObject,
                   sizeof(MY_TYPE_T), 1, 0 );
    if (ret != -1) {
      printf( "Message Type: %ld\n", myObject.type );
      printf( "Float Value:   %f\n", myObject.fval );
      printf( "Uint Value:    %d\n", myObject.uival );
      printf( "String Value: %s\n", myObject.strval );
    }
  }
  return 0;
}
```

## 9.5.4　设置消息队列属性

**msgctl 函数**

| 头文件 | #include <sys/types.h><br>#include <sys/ipc.h><br>#include <sys/msg.h> |
|---|---|
| 函数原型 | int msgctl(int msqid, int cmd, struct msqid_ds *buf); |
| 功能 | 控制消息队列的属性 |
| 参数 | msqid 消息队列标识<br>cmd 操作类型<br>buf 指向要操作的数据 |
| *返回值* | 成功返回 0，否则返回−1 |

msgctl 函数中的第二个参数用于指定操作，其定义如下。

| cmd 的值 | 描　　述 |
|---|---|
| IPC_RMID | 删除消息队列 |
| IPC_STAT | 获取消息队列的状态 |
| IPC_SET | 改变消息队列的存取权限 |

msgctl 函数的第三个参数用于存放消息队列的属性信息，数据类型定义如下。

```
struct msqid_ds {
    struct ipc_perm msg_perm;
    struct msg *msg_first;          // 指向消息队列的首
    struct msg *msg_last;           // 指向消息队列的尾
    __kernel_time_t msg_stime;      // 最后发送时间
    __kernel_time_t msg_rtime;      // 最后接收时间
    __kernel_time_t msg_ctime;      // 最后修改时间
    unsigned short msg_cbytes;      // 当前消息队列的字节数
    unsigned short msg_qnum;        // 消息队列中的消息数
    unsigned short msg_qbytes;      // 消息队列的最大字节数
    __kernel_ipc_pid_t msg_lspid;   // 最后发送消息的进程 ID
    __kernel_ipc_pid_t msg_lrpid;   // 最后接收消息的进程 ID
};
```

其中，ipc_perm 结构用于存放 IPC 对象标识和创建者的信息，定义如下。

```
struct ipc_perm {
    key_t key;                      // IPC 对象标识
    uid_t uid;                      // 用户 ID
    gid_t gid;                      // 用户组 ID
```

```
    uid_t cuid;                    // 创建用户 ID
    gid_t cgid;                    // 创建用户组 ID
    unsigned short mode;           // 存取权限
    unsigned short seq;            // 序列号
};
```

**实例分析**

（1）编写一个程序，改变消息队列的大小，代码如程序 9-14 所示。

程序 9-14　改变消息队列的大小

```c
// exam9-14.c
#include <stdio.h>
#include <sys/msg.h>
#dcfine MY_MQ_ID 111
int main()
{
    int msgid, ret;
    struct msqid_ds buf;
        // 获得消息队列标识
    msgid = msgget( MY_MQ_ID, 0 );
        // 如果成功
    if (msgid >= 0) {
        ret = msgctl( msgid, IPC_STAT, &buf );
        buf.msg_qbytes = 4096;
        // 设置消息队列的大小
        ret = msgctl( msgid, IPC_SET, &buf );
        if (ret == 0) {
            printf( "Size successfully changed for queue %d.\n", msgid );
        }
    }
    return 0;
}
```

（2）编写一个程序，删除已存在的消息队列，代码如程序 9-15 所示。

程序 9-15　删除已存在的消息队列

```c
// exam9-15.c
#include <stdio.h>
#include <sys/msg.h>
#define MY_MQ_ID 111
int main()
{
```

```
    int     msgid, ret;
    msgid = msgget( MY_MQ_ID, 0 );
    if (msgid >= 0) {
       // 删除消息队列
       ret = msgctl( msgid, IPC_RMID, NULL );
       if (ret != -1) {
          printf( "Queue %d successfully removed.\n", msgid );
       }
    }
    return 0;
}
```

（3）编写一个程序，修改消息队列的存取权限，代码如程序 9-16 所示。

程序 9-16　修改消息队列的存取权限

```
// exam9-16.c
#include <stdio.h>
#include <sys/msg.h>
#include <unistd.h>
#include <sys/types.h>
#include <errno.h>
#define MY_MQ_ID    111
int main()
{
    int msgid, ret;
    struct msqid_ds buf;
       // 获得已存在的消息队列
    msgid = msgget( MY_MQ_ID, 0 );
       // 如果成功
    if (msgid >= 0) {
       ret = msgctl( msgid, IPC_STAT, &buf );
       buf.msg_perm.uid = geteuid();
       buf.msg_perm.gid = getegid();
       buf.msg_perm.mode = 0644;
       buf.msg_qbytes = 4096;
    // 修改消息队列的存取权限
       ret = msgctl( msgid, IPC_SET, &buf );
       if (ret == 0) {
          printf( "Parameters successfully changed.\n");
       } else {
```

```
        printf( "Error %d\n", errno );
    }
  }
  return 0;
}
```

# 9.6 共享内存

共享内存是内核中的一块存储空间，这块内存被映射至多个进程的虚拟地址空间。共享内存在不同进程虚拟地址空间中的映射地址未必相同。共享内存与进程用户地址空间的关系如图 9-4 所示，通过这一共同的内存，不同进程之间可以交换数据。对共享内存内容的改变，也立即在进程虚拟地址空间中得到反映。

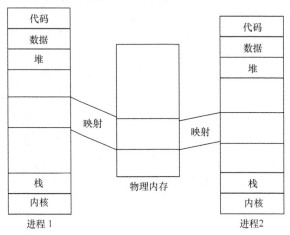

图 9-4  基于共享内存的进程通信

## 9.6.1  创建共享内存

**shmget 函数**

| 头文件 | #include <sys/ipc.h><br>#include <sys/shm.h> |
| --- | --- |
| 函数原型 | int shmget(key_t key, int size, int shmflg); |
| 功能 | 创建或获得共享内存 |
| 参数 | Key 共享内存标识<br>size 共享内存大小<br>shmflg 存取权限或创建条件 |
| *返回值* | 成功返回消息队列标识，否则返回−1 |

如果 key 为 IPC_PRIVATE，内核创建一个新的共享内存，如果 key 不为 IPC_PRIVATE,如果 key 所对应的共享内存已存在，则返回该共享内存；以二进制表示 shmflg，其最小 9 位用于说明共享内存的存取权限，如果 shmflg 包含 IPC_CREAT，表示创建共享内存。

**实例分析**

编写一个程序，创建一个新的共享内存，代码如程序 9-17 所示。

程序 9-17　创建共享内存

```
// exam9-17.c
#include <stdio.h>
#include <sys/shm.h>
#define MY_SHM_ID 999
int main()
{
  int shmid;
    // 创建新的共享内存
  shmid = shmget( MY_SHM_ID, 4096, 0666 | IPC_CREAT );
  if ( shmid >= 0 ) {
    printf( "Created a shared memory segment %d\n", shmid );
  }
  return 0;
}
```

## 9.6.2　共享内存映射的建立与释放

**shmat 函数**

| 头文件 | #include <sys/types.h><br>#include <sys/shm.h> |
|--------|------------------------------------------------|
| 函数原型 | void *shmat(int shmid, const void *shmaddr, int shmflg); |
| 功能 | 将共享内存映射至进程地址空间的某个区域 |
| 参数 | shmid 共享内存标识<br>shmaddr 进程虚拟地址<br>shmflg 读写标志 |
| *返回值* | 成功返回映射的地址，否则返回−1 |

　　在使用共享内存之前，必须将创建的共享内存映射至进程的虚拟地址空间中某个区间，shmat 函数将标识为 shmid 的共享内存映射至进程的虚拟地址 shmaddr，若 shmaddr 为 NULL，由系统决定对应的地址，若 shmaddr 不为 NULL，则由程序员指定映射的地址；第三个参数说明如何使用共享内存，如果 shmflg 中指定了 SHM_RDONLY 位，则以只读方式使用此段，否则以读写的方式使用此段。

**实例分析**

编写一个程序，将共享内存映射至进程的虚拟地址空间，代码如程序 9-18 所示。

程序 9-18　映射共享内存至进程地址空间

```
// exam9-18.c
#include <stdio.h>
```

```
#include <sys/shm.h>
#include <string.h>
#define MY_SHM_ID 999
int main()
{
    int shmid, ret;
    void *mem;
       // 获得共享内存
    shmid = shmget( MY_SHM_ID, 0, 0 );
    mem = shmat( shmid, (const void *)0, 0 );
    printf( "%s", (char *)mem );
    ret = shmdt( mem );
    return 0;
}
```

shmdt 函数

| 头文件 | #include <sys/types.h><br>#include <sys/shm.h> |
|--------|------------------------------------------------|
| 函数原型 | int shmdt(const void *shmaddr); |
| 功能 | 解除共享内存的映射 |
| 参数 | shmaddr 共享内存标识 |
| *返回值* | 成功返回 0，否则返回−1 |

## 9.6.3　设置共享内存属性

shmctl 函数

| 头文件 | #include <sys/ipc.h><br>#include <sys/shm.h> |
|--------|----------------------------------------------|
| 函数原型 | int shmctl(int shmid, int cmd, struct shmid_ds *buf); |
| 功能 | 对已存在的共享内存进行操作 |
| 参数 | shmid 共享内存标识<br>cmd 操作类型<br>buf 指向操作的信息 |
| *返回值* | 成功返回 0，否则返回−1 |

shmctl 函数的第二个参数 cmd 说明了对共享内存的操作方式，定义如下。

| cmd | 含　　义 |
|-----|---------|
| IPC_STAT | 获取共享内存的状态 |
| IPC_SET | 设置共享内存的权限 |

| IPC_RMID | 删除共享内存 |
|---|---|
| IPC_LOCK | 锁定共享内存，使共享内存不被置换出去 |
| IPC_UNLOCK | 对共享内存解锁 |

shmctl 函数的第三个参数用于存放共享内存属性的相关信息，类型定义如下。

```
struct shmid_ds {
    struct ipc_perm        shm_perm;       // 存取权限
    int            shm_segsz;       // 共享内存大小
    __kernel_time_t        shm_atime;      // 最后映射时间
    __kernel_time_t        shm_dtime;      // 最后解除映射时间
    __kernel_time_t        shm_ctime;      // 最后修改时间
    __kernel_ipc_pid_t shm_cpid;       // 创建进程 ID
    __kernel_ipc_pid_t shm_lpid;       // 最近操作进程 ID
    unsigned short        shm_nattch;      // 建立映射的进程数
};
```

**实例分析**

（1）编写一个程序，运用 shmctl 显示共享内存的相关信息，代码如程序 9-19 所示。

程序 9-19　显示共享内存的信息

```
// exam9-19.c
#include <stdio.h>
#include <sys/shm.h>
#include <errno.h>
#include <time.h>
#define MY_SHM_ID        999
int main()
{
    int shmid, ret;
    struct shmid_ds shmds;
    // 获得共享内存
    shmid = shmget( MY_SHM_ID, 0, 0 );
    if ( shmid >= 0 ) {
        ret = shmctl( shmid, IPC_STAT, &shmds );
        if (ret == 0) {
            printf( "Size of memory segment is %d\n", shmds.shm_segsz );
            printf( "Number of attaches %d\n", (int)shmds.shm_nattch );
            printf( "Create time %s", ctime( &shmds.shm_ctime ) );
            if (shmds.shm_atime) {
                printf( "Last attach time %s", ctime( &shmds.shm_atime ) );
```

```
        }
        if (shmds.shm_dtime) {
            printf( "Last detach time %s", ctime( &shmds.shm_dtime ) );
        }
        printf( "Segment creation user %d\n", shmds.shm_cpid );
        if (shmds.shm_lpid) {
            printf( "Last segment user %d\n", shmds.shm_lpid );
        }
        printf( "Access permissions 0%o\n", shmds.shm_perm.mode );
    } else {
        printf( "shmctl failed (%d)\n", errno );
    }
    } else {
        printf( "Shared memory segment not found.\n" );
    }
    return 0;
}
```

（2）编写一个程序，演示如何使用 shmctl 函数修改共享内存的存取权限，以及加锁和解锁操作，代码如程序 9-20 所示。

程序 9-20　修改共享内存的存取权限

```
// exam9-20.c
#include <stdio.h>
#include <sys/shm.h>
#include <errno.h>
#include <time.h>
#define MY_SHM_ID 999
int main()
{
    int shmid, ret;
    struct shmid_ds shmds;
    // 获得共享内存
    shmid = shmget( MY_SHM_ID, 0, 0 );
    if ( shmid >= 0 ) {
        ret = shmctl( shmid, IPC_STAT, &shmds );
        if (ret == 0) {
            printf("old permissions were 0%o\n", shmds.shm_perm.mode );
            shmds.shm_perm.mode = 0444;
            ret = shmctl( shmid, IPC_SET, &shmds );
            ret = shmctl( shmid, IPC_STAT, &shmds );
```

```
        printf("new permissions were 0%o\n", shmds.shm_perm.mode );

        ret = shmctl( shmid, SHM_LOCK, 0 );

        ret = shmctl( shmid, SHM_UNLOCK, 0 );

    } else {

        printf( "shmctl failed (%d)\n", errno );

    }

  } else {

    printf( "Shared memory segment not found.\n" );

  }

  return 0;

}
```

# 第10章
# I/O 操作模式

## 10.1　I/O 操作模式概述

　　Linux 在进行文件读写操作时，由于完成 I/O 的时间往往比较长，为了满足应用程序对 I/O 操作的不同需求，Linux 内核提供了对多种 I/O 操作模式的支持。

### 10.1.1　I/O 操作模式

#### 1. 基本 I/O 操作模式

　　（1）阻塞方式。

　　通常，在应用程序发出 I/O 请求后，如果 I/O 操作不能立刻完成，Linux 内核将发出读写请求的进程暂时挂起，将 CPU 交给其他进程，等 I/O 完成后，重新切换回原来的进程继续运行，这种 I/O 处理方式称为阻塞方式。

　　（2）非阻塞方式。

　　有时，进程在发出读写请求后，不管 I/O 是否真正完成，可立即返回，继续执行。问题在于如何获知 I/O 操作已经完成，一种方法是不断地查询 I/O 状态，另一种方法是由操作系统通知 I/O 操作的完成，这种 I/O 处理方式称为非阻塞方式。

　　（3）同步方式。

　　进程在发出文件读写请求后，需要进程等待或通过某种方式检查 I/O 操作是否完成，从而决定是否继续执行后续的工作，这种方式称为同步 I/O 方式。

　　（4）异步方式

　　进程在发出文件读写请求后，如果进程能继续执行其他工作，由内核以消息的方式通知进程请求的 I/O 操作已经完成，无需等待或检查 I/O 操作是否完成，这种方式称为异步 I/O 方式；

　　不难看出，阻塞 I/O 方式一定是同步 I/O 方式；非阻塞 I/O 方式未必是同步 I/O 方式，要看以何种方式获知 I/O 操作的完成；异步 I/O 方式一定是非阻塞 I/O 方式。

#### 2. 文件 I/O 操作模式

　　Linux 系统提供了对多种文件 I/O 操作模式的支持，用户可依据不同情况，采用不同的 I/O 操作模式，这些 I/O 操作模式包括如下几种。

　　（1）同步阻塞 I/O 模式。

　　在该模式下，当进程对文件发出读写请求后，进程被挂起，直至 I/O 操作完成才返回并继续运行。

（2）同步非阻塞 I/O 模式。

在该模式下，当进程对文件发出读写请求后，无论 I/O 操作是否完成都立即返回，通过不断查询 I/O 的状态，判断 I/O 操作是否真正完成。

（3）I/O 多路复用模式。

该模式适用于同时对多个文件的读写操作，对每个文件的读写设置为非阻塞模式，通过不断查询各文件 I/O 的状态，判断某文件的读或写操作是否完成。该过程由内核实现。

（4）信号驱动 I/O 模式。

在该模式下，当进程发出文件 I/O 操作后，无论 I/O 操作是否完成都立刻返回，继续执行。当读写操作完成时，由内核以向进程发送消息的方式，告诉进程 I/O 已完成。此时，如果是读操作，需将数据从内核空间复制至用户空间，该模式属于异步 I/O 模式。

（5）异步 I/O 模式。

当进程发出文件 I/O 操作后，无论 I/O 操作是否完成都立刻返回，继续执行。当读写操作完成时，由内核向进程发送消息。此时，如果是读操作，内核已将数据送至用户空间，告诉进程 I/O 已完成。

### 3. 内存的 I/O 映射

在加载二进制可执行文件时，内核将映像文件中的数据段和代码段映射至进程的虚拟地址空间。通常，进程拥有较大的虚拟地址空间。因此，也可将一般文件映射至虚拟地址空间的某个区域。这样，对文件的操作可以转换为对内存的访问，使得对文件的访问变得更加简单。

### 4. 文件锁

当多个进程同时存取同一个文件时，由于存取的顺序无法控制，因此，可能产生读写数据的不一致性。为了保证数据的完整性，在访问文件前，应首先加锁，在访问结束时解锁。这样，可协调多个进程同时对同一个文件的读写操作。

### 5. 终端 I/O 操作

在 Linux 系统中，设备也被抽象为文件。用户可通过文件的应用编程接口对设备进行操作。终端也不例外，但终端与一般的字符设备不同，在操作方式上具有一定的特殊性。例如，应用程序在接收从终端上输入的数据时，终端设备驱动程序将暂时缓存从键盘上输入的字符，这样，可实现对输入字符的行编辑，直至接收到回车符；在用户输入密码时，要求输入的密码不能在终端上回显；终端需要对一些特殊键进程特殊处理，例如，Ctrl-C 用于结束当前进程等；但有时需要关闭这些特殊功能键。终端设备驱动应具有适应这些变化的能力。为此，POSIX 为终端提供了适应这些要求的编程接口。

## 10.1.2　应用编程接口

本章将对上述所涉及的概念和方法进行介绍，并通过实例进行分析，表 10-1 给出各节中介绍的编程接口。

表 10-1　　　　　　　　　　　　I/O 操作模式相关应用编程接口

| 分　类 | API | 功　能　描　述 |
| --- | --- | --- |
| 同步非阻塞 I/O 模式 | fcntl | 用来操作文件描述符的一些特性 |
| | ioctl | 设置文件的属性 |
| 多路复用 I/O 模式 | select | I/O 多路复用 |

续表

| 分 类 | API | 功 能 描 述 |
|---|---|---|
| 异步 I/O 模式 | aio_read | 初始化异步读 |
| | aio_write | 初始化异步写 |
| | aio_error | 返回错误状态 |
| | aio_return | 返回已完成的 I/O 状态 |
| 内存 I/O 映像文件 | mmap | 将文件的内容映射至内存 |
| 文件锁 | flock | 为一个打开的文件描述符加锁或解锁 |
| 终端 I/O | tcgetattr | 获取终端设备驱动程序的属性 |
| | tcsetattr | 设置终端设备驱动程序的属性 |

# 10.2　同步阻塞 I/O 模式

## 10.2.1　基本概念

通常，在进行 I/O 操作时，必须等到 I/O 操作完成才能进行下一步的操作，这种操作方式称为同步阻塞 I/O 模式，其 I/O 操作流程如图 10-1 所示。

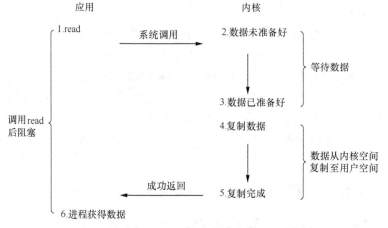

图 10-1　阻塞 I/O 操作方式

## 10.2.2　存在的问题

使用这种 I/O 模式进行文件读写操作，具有简单的编程结构。但对于某些慢速 I/O 设备，例如基于 socket 通信等，若采此种 I/O 模式，往往会等待较长的 I/O 时间。如果在一个进程中操作多个文件，由于阻塞会导致 I/O 操作难以控制。观察程序 10-1。

程序 10-1　以阻塞方式读写两个文件

```
// exam10-1.c
int fd_line,fd_kb,fd_display;
char chr_from_kb[10];
char chr_from_line[10];
void test()
{
while (1) {
        read(fd_kb, &chr_from_kb, 1);          //非阻塞
        write(fd_line, &chr_from_kb, 1);
        read(fd_line, &chr_from_line, 1);      //非阻塞
        write(fd_display, &chr_from_line, 1);
    }
}
```

在程序 10-1 中，由于代码实现在一个进程中，对多个文件的操作具有一定的顺序。在程序中，首先读取文件 fd_kb，此时文件 fd_kb 暂时无数据可读，但同时文件 fd_line 却有可读的数据。由于采用了阻塞 I/O 模式，进程因文件 fd_kb 暂时无数据而阻塞，尽管文件 fd_line 有数据可读，也无法对文件 fd_line 进行读操作。在这种情况下，使用阻塞 I/O 模式很难控制对多个文件的读写。

### 10.2.3　解决方法

（1）基于多进程或多线程的设计方法。

通过创建一个子进程或线程，由它们分别负责一个文件的 I/O 操作。

（2）使用同步非阻塞 I/O 模式。

（3）使用多路复用 I/O 模式。

（4）使用信号驱动 I/O 模式。

（5）使用异步 I/O 模式。

# 10.3　同步非阻塞 I/O 模式

## 10.3.1　基本概念

采用阻塞 I/O 模式往往需要等待较长的 I/O 时间，在一个进程中很难同时读写多个文件，有时，在对多个文件进行读写操作时，需采用非阻塞 I/O 模式。所谓非阻塞 I/O 模式是指：在进程发出文件读写请求后，无论 I/O 操作是否完成，立刻返回。这样进程可继续执行后续代码。为了获知文件的 I/O 操作是否完成，需不断地对文件 I/O 状态进行测试。其流程如图 10-2 所示。

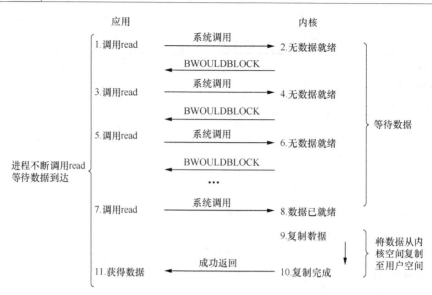

图 10-2　非阻塞 I/O 操作方式

## 10.3.2　实现方法

下面介绍三种实现非阻塞 I/O 模式的方法。

### 1. 设置文件打开模式

在打开文件时，设定打开的方式为非阻塞方式，示例如下。

open("fifo1",O_RDONLY|O_NONBLOCK);

### 2. 使用 fcntl 函数

如果文件已经打开，可通过 fcntl 函数改变文件的 I/O 模式。

**fcntl 函数**

| | |
|---|---|
| 头文件 | **#include <sys/types.h>**<br>**#include <unistd.h>**<br>**#include <fcntl.h>** |
| 函数原型 | int fcntl(int fildes, int cmd);<br>int fcntl(int fildes, int cmd, long arg); |
| 功能 | 设置文件描述符的相关特性 |
| 参数 | fildes 文件描述符<br>cmd 操作的指令<br>arg 操作的参数 |
| *返回值* | 错误返回-1，否则依操作而定 |

fcntl 函数中的第 2 个参数用于说明所要进行的操作，其定义如下。

| cmd 的值 | 含　　义 |
|---|---|
| F_GETFD,F_SETFD | 获取/设置文件描述符标记 |
| F_GETFL,F_SET | 获取/设置文件状态标记 |
| F_GETOWN,F_SETOWN | 获取/设置进行异步 I/O 的进程 |
| F_GETLK,F_SETLK,F_SETLKW | 获得/设置文件锁 |
| F_DUPFD | 复制尚未使用的最小文件描述符 |

通过上述函数可知，若需将已打开的文件设置为非阻塞方式，可以通过下列方式设置。

fcntl(fd,F_SETFL,O_NONBLOCK);

**实例分析**

设置标准输出为非阻塞方式，代码如程序 10-2 所示。

程序 10-2　将标准输出设备设置为非阻塞方式

```c
// exam10-2.c
#include <sys/types.h>
#include <errno.h>
#include <fcntl.h>
#include <unistd.h>
#include <stdio.h>
char buf[100000];
int main(void)
{
    int ntowrite, nwrite;
    char *ptr;
    ntowrite = read(STDIN_FILENO, buf, sizeof(buf));
    fprintf(stderr, "read %d bytes\n", ntowrite);
    //设置为非阻塞 I/O 模式
    fcntl(STDOUT_FILENO, F_SETFL, fcntl(STDOUT_FILENO, F_GETFL) | O_NONBLOCK);
    for (ptr = buf; ntowrite > 0; ) {
        errno = 0;
        nwrite = write(STDOUT_FILENO, ptr, ntowrite);
        fprintf(stderr, "nwrite = %d, errno = %d\n", nwrite, errno);
        if (nwrite > 0) {
            ptr += nwrite;
            ntowrite -= nwrite;
        }
    }
    //恢复阻塞 I/O 模式
    fcntl(STDOUT_FILENO, F_SETFL, fcntl(STDOUT_FILENO, F_GETFL) & ~O_NONBLOCK);
    exit(0);
}
```

### 3. 使用 ioctl 函数

如果文件已经打开，也可通过 ioctl 函数来改变 I/O 操作的方式。每个文件（包括设备文件）都有各自的属性集和操作集。ioctl 是操作集中用于改变文件属性的一种操作，不同文件系统和设备文件有各自不同的定义。fcntl 只改变文件描述符的属性，与 fcntl 相比，ioctl 可改变文件 i 节点的属性。ioctl 常常用于设备属性的控制。

**ioctl 函数**

| 头文件 | #include <sys/ioctl.h> |
|---|---|
| 函数原型 | int ioctl(int fd, int operation, arg ...); |
| 功能 | 设置文件的属性 |
| 参数 | fd 文件描述符<br>operation 需进行的操作<br>arg 操作的参数 |
| *返回值* | 错误返回-1，否则依设备而定 |

利用 ioctl 函数，可通过下列方式将已打开的文件设置为非阻塞方式。

int value=1;

ioctl(fd,FIONBIO,&value);

当对文件的 I/O 操作设置为非阻塞方式，如果该 I/O 操作无法立即完成，就会返回错误，其 errno 将设定为 EAGAIN。

# 10.4　多路复用 I/O 模式

## 10.4.1　基本概念

基于多路复用 I/O 模式的进程可同时对多个文件描述符的读写状态进行检测，直到发现这些描述符中某个的状态发生了变化时返回，这表明检测到某文件的 I/O 操作已经完成。此时，进程可根据返回的状态进行真正的读写操作，其流程如图 10-3 所示。

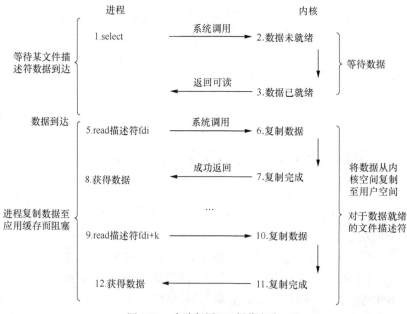

图 10-3　多路复用 I/O 操作方式

## 10.4.2　实现方法

**select 函数**

| 头文件 | #include <sys/select.h> |
|---|---|
| 函数原型 | int select(int n, fd_set *readfds, fd_set *writefds, fd_set *exceptfds,struct timeval *timeout); |
| 功能 | I/O 多路复用 |
| 参数 | n 表示最大的文件描述符+1<br>readfds 可读文件描述符集合<br>writefds 可写文件描述符集合<br>exceptfds 异常文件描述符集合<br>timeout 超时结束时间 |
| *返回值* | 0　超时返回<br>n　若检测到文件描述符状态发生改变，返回状态改变的个数<br><0　发生错误 |

文件描述符集

select 函数的第二个、第三个和第四个参数都是文件描述符集类型。文件描述符集是文件描述符的集合，下面给出与文件描述符集操作有关的宏定义。

从文件描述符集 fdset 中清空所有的文件描述符

FD_ZERO(fd_set *fdset);

添加一个文件描述符 fd 至文件描述符集 fdset 中

FD_SET(int fd, fd_set *fdset);

从文件描述符集 fdset 中移除文件描述符 fd

FD_CLR(int fd, fd_set *fdset);

判断文件描述符 fd 是否在文件描述符集 fdset 中

FD_ISSET(int fd, fd_set *fdset);

**实例分析**

编写一个程序，使用多路复用 I/O 模式，从两个文件中读出数据并显示，代码如程序 10-3 所示。

程序 10-3　使用多路复用 I/O 模式从两个文件中读出数据

```
// exam10-3.c
#include <stdio.h>
#include <sys/time.h>
#include <sys/types.h>
#include <unistd.h>
#include <fcntl.h>
#define oops(m,x) { perror(m); exit(x); }
main(int ac, char *av[])
```

```
{
    int      fd1, fd2;
    struct timeval timeout;
    fd_set readfds;
    int      maxfd;
    int      retval;
    if ( ac != 4 ){
        fprintf(stderr,"usage: %s file file timeout", *av);
        exit(1);
    }
    if ( (fd1 = open(av[1],O_RDONLY)) == -1 )
        oops(av[1], 2);
    if ( (fd2 = open(av[2],O_RDONLY)) == -1 )
        oops(av[2], 3);
    maxfd = 1 + (fd1>fd2?fd1:fd2);
    while(1) {
    //构建文件描述符集
    FD_ZERO(&readfds);          //清空文件描述符集 readfds
    FD_SET(fd1, &readfds);      //将 fd1 加入文件描述符集
    FD_SET(fd2, &readfds);      //将 fd2 加入文件描述符集
        //设置等待超时时间
        timeout.tv_sec = atoi(av[3]); //秒
        timeout.tv_usec = 0;
        //等待文件描述符集中文件状态的变化
        retval = select(maxfd,&readfds,NULL,NULL,&timeout);
        if( retval == -1 )
            oops("select",4);
        if ( retval > 0 ){
            //判断是否 fd1 可读
            if ( FD_ISSET(fd1, &readfds) )
                showdata(av[1], fd1);
            if ( FD_ISSET(fd2, &readfds) )
                showdata(av[2], fd2);
        }
        else
            printf("no input after %d seconds\n", atoi(av[3]));
    }
}
//读出文件描述符 fd 中可读的数据
```

```
showdata(char *fname, int fd)
{
    char buf[BUFSIZ];
    int   n;
    printf("%s: ", fname, n);
    fflush(stdout);
    n = read(fd, buf, BUFSIZ);
    if ( n == -1 )
        oops(fname,5);
    write(1, buf, n);
    write(1, "\n", 1);
}
```

# 10.5   信号驱动的 I/O 模式

## 10.5.1   基本概念

信号驱动 I/O 模式是利用文件描述符的 I/O 状态的变化，产生 SIGIO 信号，通过对 SIGIO 信号的处理，读写相应的数据。其流程如图 10-4 所示，属于异步 I/O 模式。

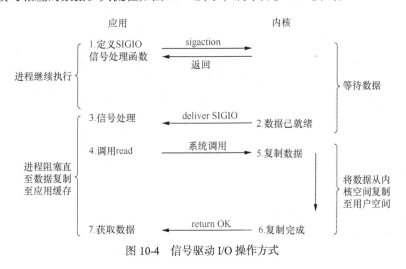

图 10-4   信号驱动 I/O 操作方式

## 10.5.2   实现方法

具体实现步骤如下。

1. 利用 signal 或 sigaction 函数定义信号 SIGIO 的处理函数。

2. 使用 fcntl 函数对文件描述符在状态发生变化产生 SIGIO 信号时，设置信号发送的对象。

3. 在运用 open 函数打开文件时，或运用 fcntl 函数将已打开的文件设置为 O_ASYNC 方式。

基于信号驱动的 I/O 异步模式只能用于终端设备和网络 Socket。每个进程只有一个 SIGIO 信号可用，因此，若在多个文件描述符上使用该方式，对于 SIGIO 信号，将无法区分哪个文件的 I/O 状态发生了改变。

**实例分析**

编写一个程序，设置标准输入为信号驱动 I/O 模式，当键盘上有数据输入时，产生 SIGIO 信号，读取并显示键盘的输入。代码如程序 10-4 所示。

程序 10-4　设置标准输入为信号驱动 I/O 模式

```c
// exam10-4.c
#include <stdio.h>
#include <stdlib.h>
#include <string.h>
#include <unistd.h>
#include <signal.h>
#include <fcntl.h>
#include <errno.h>
int gotdata=0;
//信号 SIGIO 的处理函数
void sighandler(int signo)
{
    if (signo==SIGIO)
        gotdata++;
    return;
}
char buffer[4096];
int main(int argc, char **argv)
{
    int count;
    struct sigaction action;
    memset(&action, 0, sizeof(action));
    action.sa_handler = sighandler;
    action.sa_flags = 0;     // 未设定信号处理方式位
    //定义信号 SIGIO 的处理方式
    sigaction(SIGIO, &action, NULL);
    //设置接收 SIGIO 信号的进程
    fcntl(STDIN_FILENO, F_SETOWN, getpid());
    //设置为异步 I/O 模式
    fcntl(STDIN_FILENO, F_SETFL, fcntl(STDIN_FILENO, F_GETFL) | O_ASYNC);
```

```
    while(1) {
//挂起进程，直到有信号到达
    sleep(86400);
    if (!gotdata)
        continue;
//从键盘上读入数据
    count=read(STDIN_FILENO, buffer, 4096);
//将读入的数据显示在屏幕上
    write(1,buffer,count);
    gotdata=0;
    }

}
```

# 10.6　异步 I/O 模式

## 10.6.1　基本概念

在进程发出 I/O 读写请求后，无论 I/O 操作是否完成都立刻返回，继续执行后续的代码。当要求的 I/O 操作完成时，内核向发出请求的进程发送信号，通知 I/O 操作已完成。此时，操作的数据已就绪，无需在内核与用户空间之间进行复制，这种 I/O 操作方式称为异步 I/O 模式，其流程如图 10-5 所示。

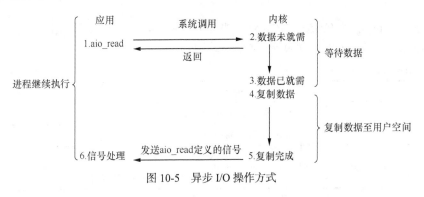

图 10-5　异步 I/O 操作方式

异步 I/O 模式与信号驱动 I/O 模式不同。例如对于读操作，若采用异步 I/O 模式，当 I/O 完成时，数据已从内核空间复制至用户空间；而对于信号驱动 I/O 模式，在 I/O 完成后，进程需通过 read 函数将数据从内核空间复制至用户空间；而且异步 I/O 通知进程 I/O 完成的信号不限于 SIGIO。

## 10.6.2　实现方法

在 POSIX 1003.1 标准中，定义了异步 I/O 模式的函数接口。Linux 内核从版本 2.5 开始支持异步 I/O 模式，在文件操作集中增加了异步 I/O 的操作接口。下面介绍异步 I/O 模式相关应用编程接口的定义和使用方法。

### aio_read 函数

| 头文件 | #include <aio.h> |
|---|---|
| 函数原型 | int aio_read (struct aiocb *aiocbp); |
| 功能 | 初始化异步读操作 |
| 参数 | aiocbp　指向读请求参数结构的指针 |
| *返回值* | 成功返回 0 错误，返回−1，具体错误在变量 errno 中 |

进程调用 aio_read 函数发出文件读请求后，无论 I/O 操作是否完成都立刻返回，参数 aiocbp 指向用于存放与读请求相关的参数的地址，其类型为 struct aiocb，它定义了异步 I/O 操作所涉及的关键参数，其定义如下。

```
struct aiocb {
    int        aio_fildes;          // 异步 I/O 操作的文件描述符
    volatile void *aio_buf;         // 缓冲区地址
    size_t aio_nbytes;              // 读写数据的字节数
    off_t  aio_offset;              // 文件偏移量
    int    aio_reqprio;             // 请求优先级
    struct sigevent aio_sigevent;   // 信号的编号
    int    aio_lio_opcode;
};
struct sigevent {
        int sigev_notify;           // 通知的类型
        int sigev_signo;            // 信号的编号
        union sigval sigev_value;   // 传递的数据
    };
```

如果 sigev_notify 设为 SIGEV_SIGNAL，当 I/O 操作完成时，产生的信号由 sigev_signo 定义；如果 sigev_notify 设为 SIGEV_NONE，则不产生信号。

### aio_write 函数

| 头文件 | #include <aio.h> |
|---|---|
| 函数原型 | int aio_write (struct aiocb *aiocbp) |
| 功能 | 初始化异步写操作 |
| 参数 | aiocbp 指向写请求参数结构的指针 |
| *返回值* | 成功返回 0，错误返回−1，具体错误在变量 errno 中 |

### aio_error 函数

| 头文件 | #include <aio.h> |
|---|---|
| 函型 | int aio_error(const struct aiocb * paiocb ) |
| 功能 | 获取异步 I/O 操作的状态 |
| 参数 | paiocb 指向异步 I/O 控制块的指针 |
| *返回值* | 完成 I/O 返回 OK，否则返回 EINPROGRESS |

### aio_return 函数

| 头文件 | #include <aio.h> |
|---|---|
| 函数原型 | size_t aio_return(struct aiocb * pAiocb ) |
| 功能 | 返回已完成的 I/O 状态 |
| 参数 | pAiocb 指向异步 I/O 控制块的指针 |
| *返回值* | 返回读写的字节数 |

使用异步 I/O 模式的步骤如下。

（1）打开需进行异步操作的文件。

（2）给 struct aiocb 数据结构设置异步 I/O 操作的相关参数。

（3）传递上述数据结构的地址给异步 I/O 读写函数 aio_read 或 aio_write。

（4）处理异步数据。

实例分析

（1）编写一个程序，将标准输入设置为异步 I/O 模式，从标准输入读取数据并显示，代码如程序 10-5 所示。

程序 10-5　　利用异步 I/O 模式从标准输入读取数据并显示

```c
// exam10-5.c
#include <stdio.h>
#include <signal.h>
#include <aio.h>
#include <unistd.h>
#include <errno.h>
int main(void) {
    char chr;
    struct aiocb aiocb;
    int r, n;
    // 设置异步 I/0 控制块参数
    aiocb.aio_fildes = STDIN_FILENO;
    aiocb.aio_buf = &chr;
    aiocb.aio_nbytes = 1;
    aiocb.aio_offset = 0;
    aiocb.aio_reqprio = 0;
    aiocb.aio_sigevent.sigev_notify = SIGEV_NONE ;
    aiocb.aio_lio_opcode = 0;
    //初始化异步 I/0
    aio_read(&aiocb);
    //等异步 I/0 的完成
    sleep(2);
```

```
//测试异步 I/0 的状态
while ( aio_error(&aiocb) == EINPROGRESS);
// 测试是否发生错误
if ((r = aio_error(&aiocb)) != 0) {
    printf("%s\n", strerror(r));
    exit(0);
}
else // 异步 I/O 完成
    n = aio_return(&aiocb);
if (n > 0) // 从异步 I/O 中获得数据
    printf("I/o completed. The result was %c (code %d)\n", chr, chr);
else // n== 0 表示文件结束
    printf("End of file received\n");
return 0;
}
```

（2）编写一个程序，将标准输入设置为异步 I/O 模式，并通过信号实现从标准输入中读取数据，并将读取的数据输出至标准输出。代码如程序 10-6 所示。

程序 10-6　以产生信号的方式实现对标准输入的异步读操作

```
// exam10-6.c
#include    <stdio.h>
#include    <signal.h>
#include    <aio.h>
int    done  = 0;
int dir=1;
struct aiocb kbcbuf;
void setup_aio_buffer()
{
    static char input[1];
    kbcbuf.aio_fildes       = 0;
    kbcbuf.aio_buf          = input;
    kbcbuf.aio_nbytes       = 1;
    kbcbuf.aio_offset       = 0;
    kbcbuf.aio_sigevent.sigev_notify = SIGEV_SIGNAL;
    kbcbuf.aio_sigevent.sigev_signo    = SIGIO;
}
void on_input()
{
    int    c;
```

```
        char *cp = (char *) kbcbuf.aio_buf;
        if ( aio_error(&kbcbuf) != 0 )
            perror("reading failed");
        else
            if ( aio_return(&kbcbuf) == 1 )
            {
                    c = *cp;
                    if ( c =='Q' || c == EOF )
                    done = 1;
                else if ( c ==' ' )
                    dir = -dir;
            }
        aio_read(&kbcbuf);
}
main()
{
    signal(SIGIO, on_input);
    setup_aio_buffer();
    aio_read(&kbcbuf);
    while( !done )
        pause();
}
```

# 10.7 内存的 I/O 映射

## 10.7.1 基本概念

内存的 I/O 映射是将文件某区间的内容映射至进程的虚拟地址空间的某个区域的技术。通过对文件的内存 I/O 映射，可使用户对文件的操作转换为对内存的操作。这样，不仅使用方便，而且提高了存取速度。在 Linux 系统中，通过 mmap 系统调用可实现这一功能。

## 10.7.2 实现方法

mmap 函数

| 头文件 | #include <sys/mman.h> |
|--------|----------------------|
| 函数原型 | void * mmap(void *start, size_t length, int prot , int flags, int fd, off_t offset); |
| 功能 | 将文件的内容映射至内存 |

续表

| 头文件 | #include <sys/mman.h> |
| --- | --- |
| 参数 | start 内存开始位置<br>length 映射内容的长度<br>prot 设定存取权限<br>flags 设定运行模式<br>fd 文件描述符<br>offset 在文件中的偏移量 |
| *返回值* | 成功返回内存映射的开始地址，否则返回-1 |

mmap 函数的第一个参数 start 若为 NULL，则由内核在进程虚拟地址空间中选择一块合适的区域映射文件内容，若 start 不为 NULL，则内核选择 start 之上的某个空闲区域。第三个参数 prot 定义了刈映射内存区域的存取权限，其定义如下。

| 值 | 含 义 |
| --- | --- |
| PROT_NONE | 无权限 |
| PROT_READ | 可读 |
| PROT_WRITE | 可写 |
| PROT_EXEC | 可执行 |

mmap 函数的第四个参数 flag 定义了映射的方式，其定义如下。

| 取 值 | 含 义 |
| --- | --- |
| MAP_FIXED | 强制映射到指定内存的开始位置 |
| MAP_PRIVATE | 对内存的修改不会改变文件的内容 |
| MAP_SHARED | 对内存的修改会反映到文件的内容 |

**实例分析**

编写一个程序，将某文件以只读和私有的方式映射至进程地址空间，并显示映射的地址，代码如程序 10-7 所示。

程序 10-7　文件的内存 I/O 映射

```
// exam10-7.c
#include <sys/types.h>
#include <sys/mman.h>
#include <sys/stat.h>
#include <unistd.h>
#include <fcntl.h>
#include <stdlib.h>
#include <stdio.h>
```

```
int main(int argc, char *argv[])
{
    int fdin;
    char *src;
    struct stat statbuf;
    off_t len;
    if(argc != 2) {
        fprintf(stderr, "usage: mmcat {file}\n");
        exit(EXIT_FAILURE);
    }
    //以只读的方式打开文件
    if((fdin = open(argv[1], O_RDONLY)) < 0)
        printf("open error \n");

    //获得文件的属性信息
    if((fstat(fdin, &statbuf)) < 0)
        printf("fstat error\n);
    len = statbuf.st_size; //取得文件长度
     //将整个文件以只读和私有的方式映射至进程虚拟地址空间的某个适当区域
    if((src = mmap(NULL,len, PROT_READ, MAP_PRIVATE, fdin, 0)) == (void *)-1)
        printf("mmap error\n")
    // 打印映射地址
    printf("%s", src);
    close(fdin);
    //解除内存映射
    munmap(src, len);
    exit(0);
}
```

# 10.8　文　件　锁

## 10.8.1　文件锁的类型

当多个进程同时存取同一个文件时，有可能出现数据不一致的现象。为了避免这种现象的发生，在多个进程同时存取同一个文件时，必须遵守一定的规则。锁就是这样一种机制。

根据锁的性质，可将锁分为如下两类。

### 1．共享锁

共享锁也称只读锁，一个文件可以有多个共享锁，拥有该锁的进程只能读取文件的内容，不能对文件进行写操作。

### 2. 互斥锁

一个文件只能有一个互斥锁，只有拥有该锁的进程才能对文件进行写操作。同时，其他进程不能获得该文件的共享锁。

## 10.8.2 基于 flock 函数实现文件锁

flock 函数

| 头文件 | #include <sys/file.h> |
|---|---|
| 函数原型 | int flock(int fd, int op); |
| 功能 | 为一个打开的文件描述符加锁或解锁 |
| 参数 | fd 已打开的文件描述符<br>op 加锁方式 |
| *返回值* | 成功返回 0，否则返回-1，同时 errno 被设置 |

在 flock 函数中，参数 op 为加锁方式，定义的加锁方式如下。

| op 的值 | 含　　义 |
|---|---|
| LOCK_SH | 共享锁 |
| LOCK_EX | 排它锁 |
| LOCK_UN | 解锁 |

flock 函数只能锁定整个文件。当进程通过 flock 无法获得所要的锁时，进程将被阻塞，直到获得锁为止。flock 函数对文件的锁定状态保存在文件描述符对应的文件描述结构中。因此，经过 dup 后的文件描述符具有相同的锁。为此，只需关闭一个文件描述符中的锁，即可关闭所有指向相同文件描述结构中的锁。

### 实例分析

编写一个程序，演示文件互斥锁的使用，代码如程序 10-8 所示。

程序 10-8　文件互斥锁的使用

```
// exam10-8.c
#include <sys/file.h>
int main(int argc,char *argv[]){
    int fd;
    fd=open(argv[1], O_RDWR);
    printf("file descriptor:%d\n",fd);
     //获得互斥锁
    flock(fd,LOCK_EX);
    write(1,"get lock\n",9);
    sleep(60);
    //释放互斥锁
```

```
    flock(fd,LOCK_UN);
    close(fd);
    return 0;
}
```

## 10.8.3　利用 fcntl 函数实现文件加锁

使用 fcntl 函数锁定文件时，用到如下数据结构，用于描述锁的属性。

```
struct flock {
    short l_type;          //锁的类型 F_RDLCK, F_WRLCK, F_UNLCK
    short l_whence;        //定位方式   SEEK_SET, SEEK_CUR, SEEK_END
    off_t l_start;         // 偏移量
    off_t l_len;           //锁定的字节数
    pid_t l_pid;           //获得锁的进程标识
};
```

**实例分析**

（1）运用 fcntl 函数对某个文件加锁，锁的类型为互斥锁，锁定的范围为整个文件，代码如程序 10-9 所示。

程序 10-9　运用 fcntl 函数对整个文件进行互斥访问

```
// exam10-9.c
#include <fcntl.h>
#include <errno.h>
#include <unistd.h>
main(int argc,char *argv[])
{
    struct flock lock;
    int fd ;
    char command[100];
    if ((fd = open(argv[1], O_RDWR)) == -1) {
        perror(argv[1]);
        exit(1);
    }
    lock.l_type = F_WRLCK;
    lock.l_whence = SEEK_SET;
    lock.l_start = 0L;
    lock.l_len = 0L;   //锁定整个文件
    if (fcntl (fd, F_SETLK, &lock) == -1)   {
        if (errno == EACCES)   {
            printf("%s busy-try later\n", argv[1]);
            exit(2);
```

```
            }
         perror(argv[1]);
          exit(3);
      }
      sprintf(command, "vi %s\n", argv[1]);
      system(command);
       //解锁
      lock.l_type = F_UNLCK;
      fcntl(fd, F_SETLK, &lock);
      close(fd);
}
```

（2）运用 tcntl 函数以记录锁的方式修改文件中指定记录的内容，代码如程序 10-10 所示。

程序 10-10　运用 fcntl 函数以记录锁的形式存取文件

```
// exam10-10.c
#include <fcntl.h>
#define    NAMESIZE 24
struct employee {
    char name [NAMESIZE]; //雇员姓名
    int salary ; //工资
    int pid ;   //进程编号
};
main(int argc,char *argv[])
{
      struct flock lock;
      struct employee record;
      int fd,pid, recnum;
      long position;
      if((fd = open(argv[1], O_RDWR)) == -1) {
              perror(argv[1]);
              exit(1);
      }
      pid = getpid();
      for(;;) {
          printf("\nEnter record number: ");
          scanf("%d",&recnum);
          if(recnum < 0)
              break;
          position = recnum * sizeof(record);
```

```
        lock.l_type = F_WRLCK;

        lock.l_whence = 0;

        lock.l_start = position;

        lock.l_len = sizeof(record);    //申请记录锁

        if(fcntl(fd, F_SETLKW, &lock) == -1) {

                perror(argv[1]);

                exit(2);

        }

        lseek(fd, position, 0); //读记录

        if(read(fd, (char *) &record,sizeof(record)) == 0) {

            printf("record %d not found\n",recnum);

            lock.l_type = F_UNLCK;

            fcntl(fd, F_SETLK, &lock);

            continue;

            }


printf("Employee: %s, salary: %d\n", record.name, record.salary);

        record.pid = pid;    //修改记录

        printf("Enter new salary: ");

        scanf("%d", &record.salary);

        lseek(fd, position, 0);

        write(fd, (char *) &record, sizeof(record));

        lock.l_type = F_UNLCK; //释放记录锁

        fcntl(fd, F_SETLK, &lock);

    }

    close(fd);

}
```

# 10.9  终端 I/O

对于 Linux 系统，每个登录用户拥有一个 Shell 进程。每个 Shell 进程拥有一个终端设备作为它的控制终端，终端的输入对应键盘，输出则对应屏幕。通常，在键盘上输入的字符都会在屏幕上回显，用户可对输入的字符进行行编辑。在输入回车键后，设备驱动才将该行字符串传递给应用程序。这是通过终端驱动内部的缓存机制实现的。有时，在控制终端键入特殊控制键，可向前台进程发信号，例如 Ctrl-C 发送 SIGINT 信号。Ctrl-\发送 SIGQUIT 信号，每个终端都有一个终端设备与之对应，例如/dev/tty01 等。我们也可通过存取终端设备文件实现对终端的访问。

终端设备驱动的这种特性并不能满足所有应用的需要，例如在输入密码时，键盘上输入的字

符不希望在屏幕上回显；在某些应用中需要屏蔽某些特殊功能键；有时，需要将键盘的所有输入直接传递给应用程序。为了满足这些要求，终端设备驱动应具有相应的行为控制能力，用户可根据要求设置终端设备驱动的行为方式。

## 10.9.1　终端的行为模式

终端的行为的变化可通过改变其属性来实现，但由于终端所涉及的属性比较多，因此，不同属性值的组合，会使得终端表现出不同的行为方式。常用终端行为模式有以下三种。

### 1. 规范模式

这是我们常用的模式，是终端设备驱动通常使用的模式。终端驱动将从键盘接收的字符暂时存放于编辑缓冲区。因此，用户可对键盘输入进行行编辑，直至接收到回车键。终端驱动在接收到回车键后，将编辑缓冲区中的内容传递给应用程序。在这种模式下，终端驱动还负责对一些特殊字符进行处理，如 Ctrl-C 等。

### 2. 非规范模式

在这种模式下，终端驱动关闭了编辑缓冲区，驱动将从键盘上接收的字符直接传送给应用程序，其中包括退格键和光标移动键等，这些键不再具有编辑功能，但仍然保留了对一些特殊字符的处理。

### 3. 原始模式

在这种模式下，终端驱动不仅关闭了编辑缓冲区，而且也关闭了对一些特殊字符的处理，如退格键、光标移动键和 Ctrl-C 组合键等。终端驱动将接收的任意一个字符都上传给应用程序。

## 10.9.2　终端模式的设置

每个终端都与一个终端设备文件相对应，不同的终端对应不同的终端设备文件。这些终端设备文件与同一个终端设备驱动程序相对应，某个特定终端可看作终端设备驱动的运行实例。为了在程序中对实例的属性进行修改，以改变该终端的行为模式，必须通过某种应用编程接口。和普通文件一样，设备文件都提供标准的文件操作集，其中包括 ioctl，用于对设备属性的控制。终端设备驱动也不例外。由于设备驱动往往与硬件密切相关，为此，POSIX 为终端定义了标准的编程接口，其中包括 tcgetattr 和 tcsetattr 函数。

### 1. termios 结构的定义

termios 结构由 POSIX 定义，与 System V 中定义的 termios 类似，与其相关的定义都在文件 termios.h 中，应用程序通过修改 termios 结构来设置终端的行为特性。

```
#include <termios.h>
struct termios {
    tcflag_t   c_iflag;              // 输入模式
    tcflag_t   c_oflag;              // 输出模式
    tcflag_t   c_cflag;              // 控制模式
    tcflag_t   c_lflag;              // 本地模式
    cc_t          c_cc[NCCS];        // 特殊控制字元
}
```

termios 结构的参数由输入模式、输出模式、控制模式、本地模式和特殊控制字元组成，不同的模式分别控制着终端行为的不同方面。

（1）输入模式

termios 结构中的 c_iflag 以逻辑或的方式对终端输入行为进行说明，定义如下。

| c_iflag | 描　述 |
|---|---|
| BRKINT | 接收到 break 时，产生 SIGINT 信号 |
| ICRNL | 输入时，将 CR 转换为 NL |
| IGNBRK | 将输入的回车翻译为新行 |
| IGNCR | 忽略输入的回车 |
| IGNPAR | 忽略帧错误和奇偶校验错误 |
| INLCR | 将输入的 NL 翻译为 CR |
| INPCK | 启用输入奇偶检测 |
| ISTRIP | 去掉第八位 |
| IXOFF | 启用输入的 XON/XOFF 流控制 |
| IXON | 启用输出的 XON/XOFF 流控制 |
| RMRK | 如果没有设置 IGNPAR，在有奇偶校验错误或帧错误的字符前插入\377\0。如果既没有设置 IGNPAR 也没有设置 PARMRK，将有奇偶校验错误或帧错误的字符视为 \0 |

（2）输出模式

termios 结构中的 c_oflag 字段以逻辑或的方式对终端的输出行为进行说明，定义如下。

| c_oflag | 描　述 |
|---|---|
| OCRNL | 将输出中的回车映射为新行符 |
| ONOCR | 不在第 0 列输出回车 |
| ONLRET | NL 履行 CR 功能 |

（3）控制模式

termios 结构中的 c_cflag 字段对终端的硬件进行设置，定义如下。

| c_cflag | 描　述 |
|---|---|
| CSIZE | 字符长度掩码，取值为 CS5、CS6、CS7 或 CS8 |
| CSTOPB | 设置两个停止位，而不是一个 |
| CREAD | 打开接收者 |
| PARENB | 允许输出产生奇偶信息以及输入的奇偶校验 |
| PARODD | 若设置，则输入输出端奇偶校验为奇检验；否则，设置为偶校验 |
| HUPCL | 在最后一个进程关闭设备后，降低 modem 控制线 （挂断） |
| CLOCAL | 忽略 modem 控制线 |

（4）本地模式

termios 结构中的 c_lflag 字段以逻辑或的方式对终端的编辑行为进行说明，定义如下。

| c_lflag | 描　　述 |
|---------|---------|
| ECHO | 回显输入字符 |
| ECHOE | 如果同时设置了 ICANON，字符 ERASE 擦除前一个输入字符，WERASE 擦除前一个词 |
| ECHOK | 如果同时设置了 ICANON，字符 KILL 删除当前行 |
| ECHONL | 如果同时设置了 ICANON，回显字符 NL，即使没有设置 ECHO |
| ICANON | 启用规范输入处理 |
| IEXTEN | 启用实现自定义的输入处理 |
| ISIG | 当接收到字符 INTR、QUIT、SUSP 或 DSUSP 时，产生相应的信号 |
| NOFLSH | 禁止在产生 SIGINT、SIGQUIT 和 SIGSUSP 信号时刷新输入和输出队列 |
| TOSTOP | 向试图与控制终端的后台进程组发送 SIGTTOU 信号 |

在打开一个终端进行输入输出时，缺省情况下，每个终端驱动实例的 termios 的设置如下。

struct termios tty_std_termios = {

.c_iflag = ICRNL | IXON,

.c_oflag = OPOST | ONLCR,

.c_cflag = B38400 | CS8 | CREAD | HUPCL,

.c_lflag = ISIG | ICANON | ECHO | ECHOE | ECHOK | ECHOCTL | ECHOKE | IEXTEN,

.c_cc = INIT_C_CC

};

## 10.9.3　终端 I/O 的编程接口

### tcgetattr 函数

| 头文件 | #include <termios.h> |
|--------|---------------------|
| 函数原型 | int tcgetattr(int fd, struct termios *info) |
| 功能 | 获取终端设备驱动程序的属性 |
| 参数 | fd 终端文件描述符<br>info 指向终端结构的指针 |
| 返回值 | 成功返回 0，否则返回-1 |

### tcsetattr 函数

| 头文件 | #include <termios.h> |
|--------|---------------------|
| 函数原型 | int tcsetattr(int fd, int when, const struct termios *info) |
|  | 设置终端设备驱动程序的属性 |
| 参数 | fd 终端文件描述符<br>when 改变设置的时间<br>info 指向终端结构的指针 |
| 返回值 | 成功返回 0，否则返回-1 |

tcsetattr 函数的第二个参数 when 用于指定终端属性改变后的生效时机，其定义如下。

| when 的值 | 含　义 |
|---|---|
| TCSANOW | 立即将值改变 |
| TCSADRAIN | 在目前输出完成后将值改变 |
| TCSA　　FLUSH | 清空输入输出缓冲区时才改变属性 |

### 实例分析

（1）编写一个程序，判断当前终端是否处于回显模式，代码如程序 10-11 所示。

程序 10-11　判断当前终端是否处于回显模式

```
// exam10-11.c
#include          <stdio.h>
#include          <termios.h>
main()
{
        struct termios info;
        int rv;
        //读取当前终端的 termios
        rv = tcgetattr( 0, &info );
        if ( rv == -1 ){
                perror( "tcgetattr");
                exit(1);
        }
        //判断当前终端是否处于回显模式
        if ( info.c_lflag & ECHO )
            printf(" echo is on , since its bit is 1\n");
        else
            printf(" echo if OFF, since its bit is 0\n");
}
```

（2）编写一个程序，关闭当前终端的回显功能，代码如程序 10-12 所示。

程序 10-12　关闭当前终端的回显功能

```
// exam10-12.c
#include          <stdio.h>
#include          <termios.h>
#define   oops(s,x) { perror(s); exit(x); }
main( )
{
        struct termios info;
        if ( tcgetattr(0,&info) == -1 )
        oops("tcgettattr", 1);
        //关闭回显功能
        info.c_lflag &= ~ECHO ;
```

```
            //重新设置终端属性
            if ( tcsetattr(0,TCSANOW,&info) == -1 )
                        oops("tcsetattr",2);
    }
```

（3）编写一个程序，设置终端为原始无回显模式，即关闭行编辑功能、屏蔽对特殊功能键的处理和关闭回显功能，代码如程序 10-13 所示。

程序 10-13　设置终端为原始无回显模式

```c
// exam10-13.c
#include    <stdio.h>
#include    <termios.h>
int main()
{
    int choice = 0;
    FILE *input;
    FILE *output;
    struct termios initial_settings, new_settings;
    if (!isatty(fileno(stdout))) {
        fprintf(stderr,"You are not a terminal, OK.\n");
    }
    input = fopen("/dev/tty", "r");
    output = fopen("/dev/tty", "w");
    if(!input || !output) {
        fprintf(stderr, "Unable to open /dev/tty\n");
        exit(1);
    }
    tcgetattr(fileno(input),&initial_settings);
    new_settings = initial_settings;
    new_settings.c_lflag &= ~ICANON;    // 设置为非规范模式
    new_settings.c_lflag &= ~ECHO;      // 关闭回显
    new_settings.c_lflag &= ~ISIG;      // 屏蔽特殊字符键
    new_settings.c_cc[VMIN] = 1;        // 等待一个字符
    new_settings.c_cc[VTIME] = 0;       // 无计时器

    if(tcsetattr(fileno(input), TCSANOW, &new_settings) != 0) {
        fprintf(stderr,"could not set attributes\n");
    }
    do {
        choice = getchar();
        printf("You have chosen: %c\n", choice);
```

```
        } while (choice != 'q');
        tcsetattr(fileno(input),TCSANOW,&initial_settings);
        exit(0);

}
```

（4）编写一个程序，使用 ioctl 函数将终端设置为原始无回显模式，代码如程序 10-14 所示。

程序 10-14　用 ioctl 函数实现原始无回显模式

```c
// exam10-14.c
#include <stdio.h>
#include <fcntl.h>
#include <termio.h>
main(int    argc, char *argv[]    )
{
        char ch, *text =
        "The quick brown fox jumped over the lazy dog\'s back";
        int fd, i, errors = 0, len;
        struct termio tty, savtty;
        if(isatty(fileno(stdout)) == 0) {
                fprintf(stderr,"stdout not terminal\n"); exit(1);
        }
        fd = open("/dev/tty", O_RDONLY);
        ioctl(fd, TCGETA, &tty);
        savtty = tty;
        tty.c_lflag &= ~(ISIG | ICANON | ECHO);
        tty.c_cc[VMIN] = 1; /* MIN */
        ioctl(fd, TCSETAW, &tty);
        setbuf(stdout, (char *) NULL);
        printf("Type beneath th efollowing line\n\n%s\n", text);
        len = strlen(text);
        for(i=0; i<len; i++) {
                read(fd, &ch,1);
                if(ch == text[i]) putchar(ch);
                else { putchar('\07');   putchar('*');    errors++; }
        }
        ioctl(fd, TCSETAF, &savtty);
        printf("\n\nnumber of errors: %d\n",errors);

}
```

[1] M. Tim Jones. GNU/Linux Application Programming[M],Charles River Media,2005.

[2] Mark G. Sobell. A Practical Guide to Linux:Commands, Editors, and Shell Programming [M],Prentice Hall PTR,2005.

[3] Robert Love. Linux Kernel Development(Second Edition )[M],Sams Publishing 2005.

[4] Bruce Molay. Understanding Unix/Linux Programming:A Guide to Theory and Practice[M],Prentice Hall,2002.